U0161515

盏中有乾坤

胡振民题

葛玉清／邵东·著

文化艺术出版社
Culture and Art Publishing House

编委会

序言

叶文程

中国古陶瓷学会名誉会长
原中国古陶瓷研究会会长
原福建省考古博物馆学会会长
原厦门大学人类学系主任、教授

即将出版的《盏中有乾坤》一书，是作者撰写的一部关于建窑建盏的专著，是一本图文并茂的好书。该书内容丰富、体裁新颖、古今结合、故事性强，文笔生动，深入浅出，是一部既有陶瓷专业知识介绍，又有陶瓷工艺大师传承创新成果推介，并兼具专业性、科学性、可读性、通俗性和趣味性的科技普及读物。

《盏中有乾坤》一书作者对建窑建盏潜心研究，专业知识水平很高，造诣很深，对建窑建盏领域知识、锻造工艺有深度了解和掌握，对建盏的釉色、斑纹、造型，以及建盏的真伪鉴赏和鉴别，都有独到的见解和深入的阐述和分析。同时，作者在深谙古代建盏黑釉瓷专业内涵的基础上，通过对中华人民共和国成立以来建阳地区（包括南平市、武夷山市在内）众多工艺大师在传承创新建窑黑釉盏所取得的丰硕成果进行深入调查研究，并加以全面介绍。这是该著作的另一个鲜明的特点，我们应该给予充分的肯定，实属难能可贵。

《盏中有乾坤》一书的主要内容，由以下三个部分组成。

第一部分中，该书简单概括介绍建阳的地理位置、自然景观、人文历史、建窑建盏的发展简史和研究情况。接着介绍建窑建盏所处的历史地位，以及宋代文人和封建统治者对建盏的鉴赏和评价。建窑的发源地和名称的由来，渊源于宋建安、瓯宁二县治所在的建宁府，前朝曾称建安郡、建州，因此称其为建安窑、建州窑或建宁窑，而以建州窑最为贴切，简称建窑。至于与建阳的关系是近现代的事，因水吉并入建阳县（现建阳区）成为一个镇，现在的建窑黑釉盏产业，不单限于建阳区和水吉镇，而已扩大到现在的南平市。

该书的第二部分介绍了建窑建盏的釉色、斑纹、形状、品赏、鉴别、传统工艺流程和烧造技艺传承脉络等内容。这一部分的篇幅虽然不是很大，但作者对建盏的文化内涵做了深入浅出的分析和概括，论述都很到位，也很在理，简单明了，既介绍了建盏的文化知识，又普及了建盏的工艺科技内涵，对学者、爱好者和一般读者来说，都值得一读。

第三部分是作者着墨的重点部分，篇幅大、亮点多。可以说，这一部分是作者花了很长时间，费了很大精力，深入建阳建窑建盏家族、建盏传承人、建盏工艺大师家中、作坊里、窑炉旁，做了深入的考察研究，从而写成了几个家族或家庭在传承、发展、创新建盏产业的奋斗故事。这一部分写得很生动，很给力，有血有肉，有眼有板，让我们了解了建盏工艺大师在建盏制作传承的道路上的艰辛、创新和开拓历程，值得大家一读究竟。

在改革开放的大潮中，他（她）们潜心执着研制，打造出一个个崭新名贵品种。其中如深耕不辍三十年的李细妹大师，她烧制出一件犹如国画大师李可染的名画《万山红遍》的中国传统泼墨山水画图景盏碗，业内专家、爱盏人士观后叹为观止，都用“极品”“仙盏”形容此盏，被业界誉为建盏窑变的典范，真是“万山可染”。她还研制成功兔毫斑、油滴斑、鹧鸪斑、柿红釉、乌金釉、灰被、茶叶末、铁锈斑 8 种名贵品种，也都获得了很高的荣誉。

曜变路上夺天工的吴立主大师，常说的一句话是：“热爱家乡，热爱事业，是一个人的本分。视建盏为生命，守护传承这项非物质文化遗产，是我的天职。”他潜心反复试制，最终烧制出金油滴、银油滴、黑底白斑盏、蛇皮纹盏、金丝挂葫芦盏、雪花滴盏到外地参展，多次获得了奖项。我们祝愿吴立主大师在继承与发展建盏的道路上阔步前行。

永不褪色的“黑牡丹”阙梅娇大师，是这些为建盏事业奉献的大师之一。她对产品的要求精益求精，一心致力烧制出更好的精品，不断超越自我。她研制的作品有建盏油滴银斑大盏、仿建窑油滴黑釉碗，作品曾获得金奖和被有关单位收藏。做建盏是她心中的一个梦。在她心中始终装着的是建阳的建盏。由于她对建盏的执着，她对同行们总是这样说："要想烧出精美的建盏，每一个细节都不能放过，任何一个小问题都可能影响建盏的成品效果。"

师古守本有创新的谢松青大师说："从小在山上、田里、路边，都会看到大量散发着晶莹光彩的黑碗残片。家中盛茶、装食物的盏很多都是用建盏。所以，对家乡的建窑、建盏有着特殊的感情。"于是，他从小就喜欢上建窑建盏和陶瓷制作工艺。他对建盏情有独钟，几近痴迷。20 多年来，他创办了建盏制作工作室、建盏陶瓷开发公司。南平市建阳区春盏建窑陶瓷开发有限公司为南平市建阳区建盏行业著名企业之一，并被建阳区政府评为建盏文化产业示范基地。他研制的撇口盏、鹧鸪斑银油滴束口盏和油滴大撇口盏等作品，屡次获评福建省工艺美术"百花奖"金奖，福建省陶瓷行业"闽艺杯"金奖，中国陶瓷艺术大展银奖，福建省工艺美术作品展金奖，"中国十大名窑"金奖，首届上海虹桥古玩城展示会"传承奖金奖"，第十四届全国工艺品、旅游品、礼品博览会金奖，海峡论坛·首届建窑建盏文化博览会金银奖等。

建盏青年传承人叶智慧大师是制作日用瓷第四代传人，他出生在一个好时代，从小对陶瓷也有如亲人一样的热情与喜爱，大人们做盏的时候他就在旁玩泥巴，而且总是安安静静。于是他传承着父辈的工艺技艺，并在创新与突破中实现着自我艺术价值。他继承传统，把实践的落脚点都放在继承与创新相结合上，他利用三年的时间研制出灰被釉盏，受到市场的欢迎，被人们称为“建盏一绝”。他初心不改，又继续研制出银兔毫建盏碗、束口金兔毫盏、大撇口金兔毫盏、将军樽、公道壶、兔毫花瓶等，并获得多个奖项和荣誉称号。

柔肩纤手担重任的孙莉大师是国家级非物质文化遗产代表性项目“建窑建盏烧制技艺”国家级代表性传承人孙建兴的独生女，从小受家庭陶艺环境熏陶，在陶瓷氛围中成长。她在家庭长辈的教导下，刻苦钻研探索，成为建盏瓷坛上的一颗新星。她在传承建盏技艺、继承家传技艺的同时，不断探索新的造型。其烧造的花瓣口盏、钵形口盏、葵口盏等新造型，绿兔毫盏、曜蓝五韵、虹彩对盏、木叶柿天目茶具、金缕鹧鸪斑茶盏组等系列产品，获得业界和社会的高度认可。

在芦花坪追梦的周建平大师出生在建阳区水吉镇的后井村，又名碗村。他儿时好奇，就到窑堆里拾瓷片，堆放在家里的墙角，成为他走上收藏之路的开始。从此，他经常不断往瓷堆里跑。捡瓷片一收藏一捡瓷片，这就是他芦花坪追梦的开始。多年来，他收藏了很多带字的瓷器残片，藏品非常丰富。其中他收藏的三块特殊建盏瓷片，一块盏底刻着“周”字，一块刻着“建”字，一块刻着“平”字。

周是工匠的姓，“建”和“平”则是其他工匠的名和字。周建平都视他们为一种与生俱来的缘分，认为冥冥之中自己就是为建盏而生。他潜心研制的曜变盏、鹧鸪斑敞口盏和红袍建盏等产品被业界认可，获得好评。红袍建盏已被注册为商标，这就是他求真求质不断努力的结果和成就。如今，他是非物质文化遗产传承人、高级技师、建阳区建窑建盏协会副会长、建盏鉴定咨询委员会委员、福建省工艺美术名人。

写到这里，本就可以搁笔了。我有幸先拜读了这本书稿，受孙莉、叶智慧、周建平等这些有志青年所感动。正如习近平总书记在“五四”前夕寄语新时代青年时强调：“新时代中国青年要继承和发扬五四精神，坚定理想信念，站稳人民立场，练就过硬本领，投身强国伟业，始终保持艰苦奋斗的前进姿态，同亿万人民一道，在实现中华民族伟大复兴中国梦的新长征路上奋勇搏击。”

建窑事业后继有人！建盏事业有传人！

《盏中有乾坤》即将出版，是我们值得高兴和为之庆幸的好事和喜事。我们相信：该书的出版问世，对于弘扬和继承我国建窑优秀陶瓷文化遗产，对于促进和推动建窑建盏陶瓷文化的研究，传承创新发展建窑建盏文化产业，对当前我国文化事业的大发展、大繁荣，对建设社会主义物质文明和精神文明，都将起到积极的重要作用。

我与作者未曾谋面，但有幸拜读了本书，未见其人，如同故旧。

作者为推动建窑陶瓷文化的研究，为促进建窑建盏文化产业的发展付出了辛勤劳动并做出了突出贡献，对此我表示由衷的敬佩和赞赏。

在该书即将付梓之际，由于作者对我的信任、支持和关怀，承蒙他们的盛情邀请，要求我为该书作序，盛情难却，只好从命。作者的盛情，再次向他们表示衷心感谢！作者为我提供了一次学习的好机会，让我有幸先此拜读了他们的大作，获益良多，终生难忘。现特草就数言，不当和错误之处，在所难免，敬请作者、专家、学者、读者批评指正。

是为序。

2020 年 5 月 4 日于厦门大学

目录

在我们这个星球的北纬27° 06′ —27° 43′ ，东经117° 31′ —118° 38′ ，之间的崇山秀岭之中，有一个神奇的地方——建阳，别称潭城，是福建省最古老的五个县邑之一。在这3383平方千米的土地上，覆盖着浓重蓊郁的森林，层层叠叠的田地从山巅盘旋而下，溪水环绕山间，欢歌互答应对，鱼虾跳跃嬉戏。这里有桑竹之茂密，更有良田之富庶；有采矿土石之丰厚，更有黑釉瓷盏之珍奇。1000多年来，汉、畲、满、回、苗、壮、蒙古、侗等21个民族在这里繁衍生息，他们用自己的勤劳与智慧，创造着饮誉世界的艺术品奇迹——建盏。

建阳与建盏

在我们这个星球的北纬 27°06′—27°43′、东经 117°31′—118°38′之间的崇山秀岭之中，有一个神奇的地方——建阳，别称潭城，是福建省最古老的五个县邑之一。其东邻松溪县、政和县，南接建瓯市、顺昌县，西连邵武市、光泽县，北倚武夷山市、浦城县。

在这 3383 平方千米的土地上，覆盖着浓重蓊郁的森林，层层叠叠的田地从山巅盘旋而下，溪水环绕山间，欢歌互答应对，鱼虾跳跃嬉戏。这里有桑竹之茂密，更有良田之富庶；有采矿土石之丰厚，更有黑釉瓷盏之珍奇。1000 多年来，汉、畲、满、回、苗、壮、蒙古、侗等 21 个民族在这里繁衍生息，他们用自己的勤劳与智慧，创造着饮誉世界的艺术品奇迹——建盏。

4000 多年以前的新石器时代，就有先民在建阳生活劳动、繁衍生息。到了东汉建安十年（205），正式设置为建平县。西晋太康元年（280）更名为建阳，南宋景定元年（1260）曾改为嘉禾县，元至元二十六年（1289）时又恢复为建阳。经过历朝历代的更迭变换，建阳这个县名被保留下来，并沿用至今。因此，中华人民共和国成立后，建阳被评为中国地名文化遗产“千年古县”。

几千年更迭，为建阳留下诸多人文历史遗迹，令后人瞻仰。建阳境内 19 平方千米的黄坑大竹岚一带是武夷山自然保护区的核心部分，也是国家重点保护区。这个保护区内的原始森林中遍布珍稀树种、名贵药材、珍禽奇兽，被誉为“昆虫世界”“蛇类王国”“鸟的乐园”“世界生物圈保护区”。除此之外，还有白塔山、庵山、武夷蛇园、朱熹墓、宋慈墓、西山摩崖石刻、唐代龙窟、游酢祠堂、考亭书院遗址、书坊麻沙雕版印刷遗址、古窑遗址等一批自然和人文景观。

据统计，在建阳共有文化遗址 132 处、古建筑 12 处、古墓 6 处、古石刻 3 处。其中全国重点文物保护单位 2 处（建窑遗址、朱熹墓）；省级文物保护单位 5 处（将口唐窑、宋慈墓、蔡元定墓、书坊陈氏古民居、建阳多宝塔）；区级文物保护单位 28 处。尤其不能让后人忘记的是这里还有革命遗址、遗迹30多处，如麻沙白塔山中共闽赣临时省委旧址、黄坑九峰闽北红军独立团驻地旧址、漳墩外屯红军医院旧址、中共建阳第一支部旧址等，以及1941年至1943年中共福建省委机关驻地的太阳山、建阳革命历史纪念馆，都是建阳百姓瞻仰怀旧、追忆革命历史的地方。

正是在这块神圣的土地上，建窑建盏如历史长河中的明珠，备受人民群众的珍爱，也受到国家的重视。2001年6月，经国务院批准公布，建窑遗址被列入第五批全国重点文物保护单位。自2011年建窑建盏烧制技艺被列入第三批国家级非物质文化遗产代表性项目名录后，为了使其得到更有效的保护和传承发展，当地采取了一系列生产性保护措施。至今，建阳的建盏企业和个体经营单位由2013年年初的15家增至2020年年初的3389家，其中企业771家，个体工商户2618家，规上企业7家，限上企业12家，省级文化产业示范基地1个，从业人员2.8万人，年产值近35.6亿元。2015年7月21日，国家工商总局商标局正式审核通过认定“建阳建盏”为国家地理标志证明商标。2016年12月28日，建盏被国家质检总局批准为国家地理标志保护产品，注册建盏商标1100余件。2017年9月，建阳区被评为中国建窑建盏之都。从此，建阳以各种不同风格的建盏走向社会，走向世界。

当我们徘徊在这个艺术天地的时候，追根溯源，则成为首要课题。

◎现代柴烧龙窑 · 杨兴生提供

据考古发掘资料，早在唐末五代之初，建窑是一个烧制青釉器的普通窑场，五代末，北宋初改烧黑釉茶盏。这个时候制作茶盏采取的是匣钵仰烧法，虽然胎体形状和釉色厚润少，光亮度上还有许多不足，但已经具备了建盏的雏形。到了宋代，烧制建盏的工艺日渐成熟，形状、品质日益精致，成为人们爱不释手的珍品。

为什么历代文人墨客们对建盏如此珍爱有加呢？这要从当时人们的一种生活习惯说起。常言道，开门七件事：柴、米、油、盐、酱、醋、茶。看来茶也是人们日常生活中必不可少的内容。因此，建盏与北苑贡茶的兴盛有如珠联璧合，相生相依。

早在唐代，被陆羽誉为“茶中第一”的“顾渚紫笋”上品，产于浙江湖州长兴县水口乡顾渚山一带，唐朝广德年间开始作为贡品，还被朝廷选为祭祀宗庙用茶。唐末宋初时期，闽北的“建溪春”又风靡于世，使有饮茶癖好的宋太祖赵匡胤对此茶宠爱至极。北宋建立后，赵匡胤又下令将生产 “龙凤团茶”的北苑作为宫廷御茶园。北苑是中国历史上著名的御茶园，在现今的建瓯市境内，古时称建安县吉苑里，据谢道华先生编著的《建窑建盏》中说：“因其产地东峰凤凰山一带称‘北苑’。故又称为‘北苑茶’。北苑茶以龙凤团茶（即用龙凤图案的模具压制而成的茶饼）著称。”书中引用苏东坡的词句对北苑龙凤团茶作这样的描述：“已过几番雨，前夜一声雷。枪旗争战建溪，春色占先魁。采取枝头雀舌，带露和烟捣碎，结就紫云堆。轻动黄金碾，飞起绿尘埃。”诗中不见一个“茶”字，但展示了一幅带露春茶占尽春色、黄金碾中绿尘飞的美景。

这时候的皇室，饮茶更为讲究，饮茶的器具也不断追求实用、精美，建盏因北苑团茶的兴而兴，建阳虽处庙堂之远，而不减茶、盏珠联璧合的神姿。宋代，建窑茶盏已经进入成熟期，烧制工艺不断精进突破，并逐渐走向民间。在人们审美程度不断提高的过程中，建阳百姓的勤劳与智慧得以充分展现，使建盏不断趋于完美。这个时期的建盏在外观上夺人眼目，获得一只，则视同珍宝入怀。“兔毫紫瓯新”“忽惊午盏兔毫斑”“建安瓷碗鹧鸪斑”“松风鸣雷兔毫霜”“鹧斑碗面云萦字，兔褐瓯心雪作泓”“鹧鸪斑中吸春露”等，就是古人对建盏珍爱的各种形容，至今仍有流传。

千百年来，文人墨客云集，品茶鉴水，谈诗论文，把玩茶器，说古道今，成为建阳特有的文化气息。北宋中叶，蔡襄在《试茶》中首次记录了点茶的器具：“兔毫紫瓯新，蟹眼清泉煮。雪冻作成花，云闲未垂缕。愿尔池中波，去作人间雨。” 当时的文人们把“不羡黄金罍，不羡白玉杯，不羡朝入省，不羡暮入台”作为人生的价值取向，把“谈笑有鸿儒，往来无白丁”作为居陋室而自娱的心境，不惜用尽溢美之词以表钟情，苏东坡就这样赞美：“道人晓出南屏山，来试点茶三昧手。忽惊午盏兔毫斑，打作春瓮鹅儿酒。”诗中对熠熠生辉的兔毫盏极尽赞美。同时，建盏为点茶这一社会文化活动增添了不少艺术奇彩。

追溯历史，我们了解到，随着唐朝茶文化的日渐兴盛，宋时的建宁府已出产许多贡茶，如建瓯北苑贡茶、武夷山御茶，均被文人墨客们争相称颂，盛茶的器皿受到的追捧和礼遇自然也越来越高。由于宋时斗茶习俗风靡民间，除了必须提供优质的茶叶之外，还需要有最适于斗茶所用的茶具。

盏，以它特殊的形状，以及特殊人际交往功能，逐渐成为达官贵人身份与地位的象征。同时，酒逢知己，推杯换盏，出现在诸多诗词歌赋中，成为对友情、礼节赞赏的借物比喻，或者是对推心置腹之深厚友情的注脚与诠释。

在这些文化生活与人文交往活动中，宴席、酒肆间的推杯换盏，就有了“酒逢知己千杯少”的许多佳话。这些千载永流传的人文故事，为建阳旖旎多姿的自然风光增添了许多魅力，杯、盏这些器物亦成为人们怀旧览胜时心境的重要借物、依托，被赋予了各种各样的、深远并耐人寻味的含义。

历史上的建阳是文化名人云集之地，素有“七贤过化之乡”之称。朱熹、蔡元定、刘爚、黄榦、熊禾、游九言、叶味道等哲人先贤、高雅之士，在这里为史学留下传世佳话。我国著名的思想家、哲学家、教育家朱熹晚年定居考亭讲学，四面八方的学子们不远千里慕名前来求学问道，研究理学，著书立说。建阳一度被人们称为“理学之乡”。由此，朱熹还创建了“考亭学派”，考亭也被喻为“南闽阙里”。建阳还是“世界法医学鼻祖”宋慈、杨时（“程门立雪”主人公之一）学友游酢的家乡。北宋诗人、画家僧惠崇，宰相陈升之，明代福建第一位状元丁显，刻书家余象斗、熊大木，医学家熊宗立，清代天文学家游艺等，均生于建阳。建阳还是宋代三大印刷中心之一，麻沙、书坊雕版印刷闻名于世，“建本”图书远销海内外，因此，建阳有“图书之府”美称。

早期的建盏因其釉面绀黑、坯厚，热度难冷却，适用于斗茶。建盏被历朝历代的文史学家写入文献，宋人祝穆在他撰写的地理类书籍《方舆胜览》中这样记载：“兔毫盏出瓯宁之水吉。”北宋的黄庭坚诗中也有“建安瓷碗鹧鸪斑”的诗句。然毫色异者，士人谓之毫变盏，其价甚高，且难得之。

后来，历代学者们根据宋徽宗《大观茶论》、南宋程大昌《演繁露》等文献推测，北宋政和二年（1112）到南宋乾道六年（1170）间，是建窑烧制“供御”“进盏”款建盏的鼎盛期。《大宋宣和遗事》中就有这样的描述：（徽宗政和二年）夏四月，燕召蔡京入内赐宴。宴后，又用无锡的惠山泉水和产于建溪异毫盏，烹煮新近贡给朝廷的太平嘉瑞茶，赐给蔡京饮用。这里说的“建溪异毫盏”就是建阳烧制的兔毫建盏，太平嘉瑞茶即产于建安县吉苑里，即现在的建瓯北苑，它是贡茶中的一个品种。这一记载表明，在宋徽宗时期，建窑兔毫盏应已经被作为皇室的贡品了。

如今，人们在将茶视为生活不可或缺的一部分的同时，建盏也在为茶文化增添奇光异彩，赢得人们的珍爱。

那么，盏，这种社会生活中不可或缺的器物，随着历史的发展，它的外形也不断地变化，以适应各个时代和各个地域民众的审美需求，它的选材与制作方法，反映着某个地区的生产资料的来源，人们对这些特殊生产资料的科学应用，以及在生产过程中不断继承与创新，让流传于社会并受到民众认可、喜欢的器物，成为一种约定俗成的民间艺术。

由此，我们必然将发源于建阳，并以建阳冠名、有特指代表意义的“建盏”作为考察对象。在认真学习研究前人追根溯源成果的基础上，关注具有创新意识的建阳人，是他们为继承、发掘建盏艺术做出了千古流芳的贡献。如今建阳人在改革开放经济大潮中，以坚忍不拔的勇气和持之以恒的毅力，集智慧与热情，创作出具有时代气息的艺术佳作。

通过对历史文献的考证，基本表明，建盏尤其是兔毫建盏，不仅产自建阳的水吉，还曾经成为贡品，为世人所重。

前人这些研究成果中，都离不开“水吉”这个地名，水吉为什么能够诞生出建盏？建盏为何选择在水吉？这个小小的地名为什么能因建盏而名扬天下、载入史册呢？为什么建盏是建阳特有的艺术呢？我们在探访建盏艺术传人的过程中，从中不断找到答案。

任何艺术品的制作，都离不开它的原材料要件。据权威部门考证，建阳区境内已探明的矿藏多种多样，而且储量丰富，据不完全统计，石墨矿储量 1100 万吨，萤石矿 317 万吨，银铅锌矿 35 万吨，硫铁矿 90 万吨，蛇纹岩 3102 万吨，储量均居福建全省之首。砂金、钨、透辉石、花岗石、高岭土等 35 种矿藏也遍布建阳各地，其中书坊太阳山到莒口大金山矿脉，也是黄金矿的重点矿脉。

建阳的土壤类型有红壤、黄壤，且土层深厚。这就给建盏的制作提供了最基本的条件，也给勤劳智慧的建阳民众创造了施展艺术才能的机会。

起始于晚唐五代时期的建窑，在宋代得到蓬勃发展，其烧制的黑瓷，与青瓷、白瓷形成“三分天下”之势，被誉为瓷坛“黑牡丹”的建盏，饮誉海内外，千年不衰。

当我们走进水吉，随着前人的脚步探究其与建盏渊源的时候，我们对这个神奇的地方有了进一步的了解。在闽北层层叠叠的大山中，深藏着这样一个为社会创造财富资源的小村，人们用大自然的赐予与厚爱，将独特的艺术品奉献给世界，丰富着祖国的文化宝库，在历史长河中培育了一颗璀璨的明珠。

水吉一带的土壤中铁含量高，它能够形成析晶的胎土、釉料，如水吉镇的池中村、后井村，土壤含铁量相对其他地区高出 3%—10%，这说明该地区的植被所吸收的营养成分中铁元素较高。这片区域内的草木灰也是其他地区不能取代的。

中国科学院上海硅酸盐研究所——宋建窑建盏化学组（成分）研究报告		
化学组成（成分）	釉	胎
SiO_2（二氧化硅）	60%—63%	62%—68%
Al_2O_3（三氧化二铝）	18%—19%	21%—25%
CaO（氧化钙）	5%—8%	＜0.2%
Fe_2O_3（三氧化二铁）	5%—8%	7%—10%
K_2O（氧化钾）	3%	2.7%
MgO（氧化镁）	2%	0.4%—0.5%
P_2O_5（五氧化二磷）	＞1%	
TiO_2（二氧化钛）	0.5%—0.9%	1%—1.6%
MnO（氧化锰）	0.5%—0.8%	
Na_2O（氧化钠）	0.1%	＜0.12%

除水吉外，在它附近的池中村一带的泥土中铁含量也很高，竟达8%。除了制作建盏最关键的原材料泥土，水吉周围还有足够的燃料，四季更替中，漫山遍野的柴草，为大规模烧瓷提供了能源之外，这里缓坡向上的山势和适宜的地理环境，具备了建造成规模的龙窑的基本条件；贯穿于水吉的南浦溪运输畅达，商贾往来，交易日盛，盏碗运往各地，为建盏名扬天下创建了传播平台。但由于建盏产量稀少，成为世人可望而不可及的“宝物”。

以上几点，是建盏得以在水吉一带生存拓展的客观条件。

事实上，因为建盏早已成为人们生产生活中的传承记忆，人们

的实践范围也不断拓展更替，生生不息。

建窑，是宋代福建烧造黑釉茶盏的著名窑场，主要分布在芦花坪、牛皮仑、庵尾山、大路后门和营长墘、源头坑等地。窑址的遗物分布面积在 12 万平方米左右，是后人研究建盏生产及古窑建设的场所，这里出产的黑釉瓷碗兔毫盏曾是陶瓷的顶峰之作之一。

考察过程中，我们对分布在建阳芦花坪、牛皮仑、庵尾山、大路后门和营长墘、源头坑等地古建窑窑址进行探访。这里山峦起伏层叠，沟壑分布均匀，这里多以红壤土、黄壤土、高岭土等为主，它们不同程度地分布其中。长达 135.6 米的大路后门窑址是目前发现的世界最长的龙窑。

20 世纪 70 年代，福建省博物馆的考古专家和厦门大学的师生们，对建阳芦花坪窑址进行深入考察、发掘，确立了“建盏是在龙窑中烧制而成”的观点，并发现了一批青黄釉器，证明早在晚唐五代，迟至北宋，建

◎古龙窑址 · 翟文兴提供

窑就是烧制青瓷的地方。这个理论为建盏研究提供了重要历史依据。

当我们步入散布在美丽乡间的一座座古窑艺术殿堂的时候，当我们被那些精美艺术品所震撼的时候，我们不能不承认，建盏是中国非物质文化遗产百花园中的一朵奇葩，装点着历代人民群众美好的生活，也为人类文明发展这条长河注入新的活力。

由于历史更迭，战事不断，交通不畅，经济动荡，在宋末元初时期，建窑曾一度趋于衰落以至停烧。但是，在中国茶文化浩如烟海的历史长河中，毫无疑问，建盏是茶器中令人仰止的高峰，它以朴实的材质、简洁的线条、幻化的斑彩，展示了宇宙幻想、浩瀚玄妙之梦；铺就着乾坤守望，自然极致的美，深得世人喜爱。例如，宋徽宗赵佶就亲自为建盏代言，留下“盏色贵青黑，玉毫条达者为上”“兔毫连盏烹云液，能解红颜入醉乡”等溢美篇章，引领一代民间工艺之风。由于当时生产能力有限，生产技术少有突破，建盏成为稀世珍宝，除皇室御用外，流于民间的极为稀少，若见一二，身价倍增，被有识之士视为国宝珍藏。

人民的勤劳智慧推动历史车轮向前，凭借风云变幻，历史文化的轨迹永续不断，建盏烧制技艺薪火相传。

建阳人民不仅把建盏视为珍宝，代代相传，而且把建窑遗址也视为建盏珍品生命的摇篮。

一百多年前，由于帝国主义的对华侵略，中国历史传承下来的精品也是列强觊觎的宝物。据史料记载，1912—1926年，日本人山本由定曾到水吉做过调查并将样本带回，后由冢本靖出版了《天目茶碗考》。

被称为西方发现中国建窑第一人的美国人詹姆士·马歇尔·普拉玛（James Marshall Plumer，1899—1960），1935年6月也来到建阳建窑遗址，并雇用村民挖掘了大量珍贵标本运到美国，至今还有许多珍品收藏于密歇根大学美术馆，他所著的《天目瓷考察》在日本出版。

中华人民共和国成立后，著名学者冯先铭、叶文程、林忠干、谢道华等古陶瓷专家，以及其他数十位专家学者对建窑进行过考察，并陆续发表有价值的研究成果、发掘报告，出版了《建窑瓷鉴定与鉴赏》《中国古陶瓷标本·福建建窑》《建窑建盏》《中国福建古陶瓷标本大系·建阳窑》等学术专著，真正为后人研究建盏提供了理论依据。

更令人深受鼓舞的是，1979年9月，中央工艺美术学院、福建省科学技术委员会、福建省轻工业研究所和建阳瓷厂组成攻关小组，进行仿古建盏实验，于1981年3月研制出仿宋兔毫盏，失传800多年的建盏烧制技艺得以重现光彩。

建

建窑是宋代名窑之一，主要分布在南平建阳水吉镇、南平茶洋、武夷山遇林亭等地。建窑以烧造铁胎黑釉盏著称，其釉色品类丰富，以兔毫斑、油滴斑、鹧鸪斑、曜变斑等名贵瓷器为代表，从工艺上来看，都采用正烧，所以口沿釉层较薄，而器内底聚釉较厚。为避免在烧窑中底部产生粘窑，外壁往往施半釉。由于烧制过程中，釉在高温中易流动，故有挂釉现象，俗称“釉泪”“釉滴珠”，形成与众不同的特点。陶瓷的制作，泥、釉是最重要的原料。每一个建盏都由泥土造成，是土与火完美交融的艺术。

建盏工艺与品鉴

中华人民共和国成立后，特别是改革开放40年来，建盏事业的发展得到各级政府的重视，相关部门积极采取措施，发掘保护，立档研究，唤起记忆，恢复扩大生产，使这一古老的传统手工技艺永葆光彩，薪火相传。

工艺略说

研究建盏，必须了解其历史发展脉络。从建盏表现的艺术特征来看，大致经过了以下几个历史阶段。

五代末至北宋初为初创期，其特点表现为胎、釉层较薄，胎色灰黑，釉呈黑褐色或酱紫色，光素而无纹理。

两宋时期是建窑发展的鼎盛时期，建盏釉色出现了突破性的发展，突出的特点是釉色的变幻莫测、绚丽多彩。当时，匠人们对黑釉的选材十分考究，烧制工艺也更具规律性和科学性，淋漓尽致地展现了建盏之美，与青瓷、白瓷形成“三分天下”之势。

到了宋末元初，由于外来文化的涌入，饮茶习俗和审美取向发生了变化，对贡品工艺的要求由粗变精，人们开始追求另一种精细的“时尚”，出现了停黑瓷、烧青白瓷的现象，由此建盏开始走向低谷。

之后的六七百年间，建盏的烧制一直处于低迷甚至停顿状态，没有形成规模性生产格局。但是，建盏这个名字和它不可替代的艺术潜质，以及人民群众筑起的强大社会根基，如同深藏在祖国沃土中的“黑牡丹”，一旦时机成熟，终会发扬光大！

烧制建盏，要经过选瓷矿、瓷矿粉碎、淘洗、配料、陈腐、练泥、揉泥、拉坯、修坯、素烧、上釉、装窑、焙烧 13 道工序。其中，制坯要完全凭借双手将泥拉成器坯，这需要成竹在胸，灵活运用推、拉、收、放等手法，在精准适度的内外力的作用下，找到器壁最佳形状，一气呵成。

建窑是宋代名窑之一，主要分布在南平建阳水吉镇、南平茶洋、武夷山遇林亭等地。建窑以烧造铁胎黑釉盏著称，其釉色品类丰富，以兔毫斑、油滴斑、鹧鸪斑、曜变斑等名贵瓷器为代表，从工艺上来看，都采用正烧，所以口沿釉层较薄，而器内底聚釉较厚。为避免在烧窑中底部产生粘窑，外壁往往施半釉。由于烧制过程中，釉在高温中易流动，故有挂釉现象，俗称“釉泪”“釉滴珠”，形成与众不同的特点。

陶瓷的制作，泥、釉是最重要的原料。每一个建盏都由泥土造成，是土与火完美交融的艺术。如前所述，制作建盏的泥料取自闽北地区特有的矿土——红、黄土壤，它是一种氧化铁含量高达 8% 左右的有色黏土，比其他地区土壤的含铁量高出 3%—10%，从而该地区的植被从土壤中汲取的铁元素营养成分也相对较高，其产生的草木灰是其他地区不能取代的。

然而，这种天然泥料也有一定的缺陷，塑性差、收缩大，耐火度也不高，用它们拉坯成型的茶盏，在晾晒、修坯阶段就很容易变形或开裂。当将上釉的坯体放入 1300℃的高温中烧制时，所含的氧化铁又成为助熔剂和发泡剂，在高温还原阶段不仅降低坯体耐火度，还易使坯体起泡、变形。如果掺入粗颗粒石英，虽然对克服这些缺陷有帮助，但容易造成釉面有颗粒凸起的瑕疵，而且在高温还原下每只建盏的釉面都不是人力可以控制的，但凡盏体、釉面有一点点的瑕疵，都会被淘汰。

可以想见，我们的先人在建盏制作过程中遇到过不知多少次失败，但是他们以不屈不挠的精神，以顽强的毅力总结出成熟的经验，留传给后人。这种对艺术追求的自信，对大自然的挑战，以及百炼成盏的勇气，流传千古！

建盏的釉色品类有乌金（绀黑）釉、兔毫釉、鹧鸪斑釉（油滴釉）、曜变釉、杂色釉，前四种为黑色釉。杂色釉可分为柿红釉、青釉、茶叶末釉、酱釉、灰白釉、灰皮釉、龟裂纹釉等。这些斑纹属于铁系结晶釉和分相析晶釉的结合，它是在窑炉高温中出现的，由于氧化铁含量高的坯体难以承受高温，形成不同结构、不同成分的晶体，从而带来无穷无尽的组合，使建盏釉色极具多样性。特别是在古代，由于没有测量氧化铁含量数值的技术，对釉色更加难以把控。比如，在原材料、工艺、烧制季节等完全相同的情况下，同一窑烧出的建盏绝不会重样，即使同一时间进窑、出窑的建盏，每一个釉色也不会相同。有专家将建窑中一次性的自然结晶成像称为“自然釉”。正是由于这种自然成像具有极其偶然性，所以烧制一件品相好的建盏既要凭工艺，也要靠运气，这也是它奇特、珍稀之处。

建盏的釉彩主要包括以下成分：

釉基 建盏制作的基础，其具有玻璃质感的成分大多为石英（氧化硅）。

色剂 矿物质通过接触空气中的氧气后产生天然色。如人们常见的铜，在接触空气后会氧化为绿色，成为氧化铜。再如钴，氧化后为蓝色。因建盏的发色剂多为氧化铁，所以淘洗出的矿釉颜色多呈红色或紫色。

助熔剂 烧制建盏的釉矿石大多以石英为主，在烧制过程中，加入长石、草木灰，可以使石英降低熔点。在使用草木灰时，人们往往就地取材，由于不同地方的草木灰成分比例的差异，烧制的建盏在釉色上也会出现差异。如加带少量含铁量高的黏土，就会形成铁系结晶釉，呈红褐色。

前面曾提到，建窑以烧制黑釉瓷闻名于世，在这里我们对其做一探讨。

我们在欣赏建盏的时候，多见的为黑色，通常人们称之为“建窑黑釉”。这是一种析晶釉，属于含铁量较高的石灰釉。由于石灰釉黏性强，其最大的特点是在高温中容易流动，所以在成品建盏的外壁或底部往往有挂釉现象，而在器物口沿，釉层较薄，并呈褐色或红色。

建窑黑瓷的胎质基本以黑、灰黑、黑褐为特征，这是因为它含铁量较高，含砂粒较多，胎骨厚实坚硬，胎质较粗糙，手感厚重，敲击时，可以听到金属声，人们称这样的作品为“铁胎”。从烧制工艺的角度分析，建窑黑瓷为高温烧成，若胎土淘洗太细，则器物容易变形。正是由于建窑黑瓷的胎体厚重，胎内又蕴含细小气孔，利于茶汤的保温，适合斗茶的需求，所以在宋代将它视为上乘茶具。

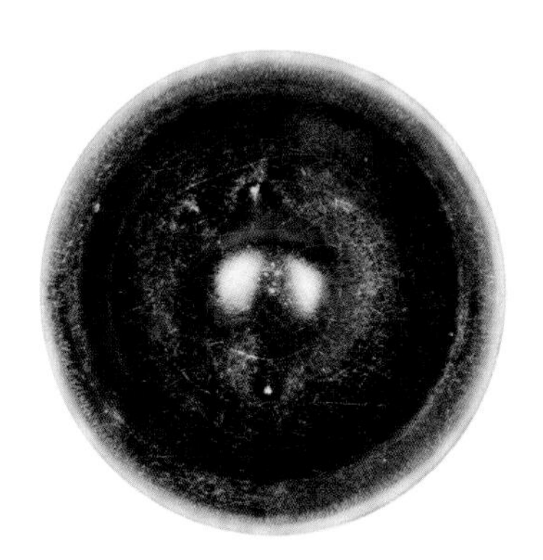

◎ 宋代建窑黑釉撇口盏内视 / 外形 · 周建平提供

曜变天目茶碗是南宋时期福建建安水吉窑烧出的一种黑釉建盏，据说，在宋代曾有日本僧人把黑釉瓷器从浙江的天目山带回日本，他们就把这些茶盏称为“天目”，日本古籍上就有青兔毫、黄兔毫、建盏、建州垸等记载。“曜变天目”是其中最为珍贵的品种。在日本静嘉堂文库美术馆、藤田美术馆、大德寺龙光院藏馆中，有三件“曜变天目茶盏”，其中以静嘉堂文库美术馆收藏的最佳，是目前公认最完整的曜变天目茶盏，号称“盏中宇宙”“天下第一宝碗”，被历代专家称为宋代建窑黑釉茶盏中的传奇之作，被他们定为“国宝”。15 世纪以后，日本人把建盏及黑釉器皿改称为“天目”，于是“天目”逐渐成为黑釉类陶瓷器的通用名词。

我们已经知道，建盏要经过 1300℃的高温烧制，当烧成的建盏出炉时，温度出现瞬间变化，釉面自然形成千奇百怪、不可名状的美丽斑纹，俗称“窑变”。“窑变”是难以控制的，这时，建盏的色彩完全超出制作者的预料和想象——光彩耀目、变幻莫测，且随着温度的逐渐冷却，作品会出现出神入化的景象，空气中如同有不可抗拒的神力，推进着它的花纹走向，如同一支看不见的神笔，描绘着光怪陆离的图画，令人遐想无限。匠人们即使制作出千千万万个建盏，每一个斑纹也都是独一无二的，绝无相同。因此，在建盏成品出现之前，“无形之形，无状之状”成为制作者对窑中作品的一种特殊心理期待。现代陶艺家经过数十年甚至几代人的努力，甚至到了高科技普及的今天，依然无人能在出炉前想象出建盏成品的模样。所以，每当一件建盏作品问世，其不规律的花纹、不均匀的斑曜、不一致的色彩，不得令人由衷感叹天工造物之神奇。这就是建窑奉献给世界的超然杰作。

建盏斑纹主要有曜变斑、油滴斑、兔毫斑（其中以金、银兔毫斑为主）、鹧鸪斑等。

曜变斑 指其圆环周围的薄膜，它像以圆环为中心向外散射的光晕，构成斑纹的物质最分散，最自由，能冲破形的束缚。曜变斑的主要特征表现在它的“影像”上，而不是“形状”。这些“影像”是结晶物质在釉面剧烈灼烧、动荡中留下的踪迹，实质上是“形状”剧变的结果，所以它没有具体的形状，呈现的影像影影绰绰，

◎曜变　作者·周建平

清晰不一，飘忽不定，玄之又玄。如老子所描述的深层灵物的行踪：“迎之不见其首，随之不见其后”，“道之为物，惟恍惟惚。惚兮恍兮，其中有象。恍兮惚兮，其中有物。窈兮冥兮，其中有精。其精甚真，其中有信”。

曜变斑在釉面上的分布也是最无规律、最不均匀的，更不是绘画师圈圈点点的艺术创作品，这些物质斑纹的曼妙奇幻，成为曜变斑的主要特征。它冲破器物形状的约束，成为“影像”与“形状”相融合的展示。

油滴斑 油滴盏的釉面密布着银灰色金属光泽的小圆点，形似油滴。油滴的形成其实是铁氧化物在釉面富集，冷却后析出晶体所致，呈赭黄色晶斑，被称为“金油滴”，在黑色釉面上呈银色晶斑则被称为“银油滴”。

油滴受气泡机理控制，是众多斑点结晶物质在器物内、外面的均匀分布，这些从中心到边界的斑点没有明显规律变化，而且斑点的边界都在同一水平面上，也不一定都呈圆形。斑点形状与气泡破裂后釉面状况有关。当气泡破裂后，釉面出现斑点形状，如同亮油滴在上面，好像随时可以滚动滴落。如烧银色的油滴，其斑点很容易变灰色或消失，变灰的斑点突出在釉面，消失的则沉入釉中。油滴斑点形状受到窑温和还原气氛的制约，其斑点的形状变化大，边界变化幅度也大，无瑕疵的油滴盏成功率较低。

◎鹧鸪斑福禄盏　作者 · 谢松青

通常，只要呈现出少数斑点就可确定为油滴。即使器型很大，油滴的多少、排列密度并不完全是它身份、品名的证明。所以，多未必多，大未必大，这就是通常说的“有中无”。如果油滴盏出现深层的斑纹，则反之，这又是通常人们说的“无中有”。在一个小小的油滴盏上，充分体现出老子“天下万物生于有，有生于无”的哲思。而在审美艺术上，这种象外之象，景外之景，不着一字，尽得风流的“含蓄”，使它意境“味之无极”，体现出无中生有之美。

兔毫斑 兔毫盏是最具代表性的一类建盏。它的析晶斑纹形态为黑色釉层中透出均匀细密的丝状筋脉条纹，形如兔子的毫毛，因此得名。“兔毫”一词从宋代就开始流行，历史悠久。宋徽宗曾御批：“盏色贵青黑，玉毫条达者为上。”宋代建窑兔毫盏，被谕旨为宫廷饮茶、斗茶之用。据《君台观左右帐记》里记载：“曜变斑建盏乃无上神品，值万匹绢；油滴斑建盏，是第二重宝，值五千匹绢；兔毫盏，值三千匹绢。”由此可见，兔毫盏在当时是非常珍贵的。

兔毫斑在斑纹形态上有长有短、有粗有细、有曲有直、有疏有密，不同部位的兔毫斑纹有较大差异，盏上部的斑纹较密，下部较稀，而且分布不均匀。斑纹边界平面呈有隐有显的纵向变化，形状不一，各种各样。在釉色上，可分为金、银、黄、褐等。各类釉色中，银兔毫是最为珍贵的，烧制难度也是最大的。建窑银兔毫为银油滴所转变，适当的油滴斑点，在温度升高或保温时间较长的情况下，斑点会随釉色层向下流动成条状，形成银兔毫。因此，银兔毫一般都难以形成像黄兔毫那样连贯、条达的纹路，常会断断续续，甚至局部未连成“毫”，而是数个斑点相连。建盏斑纹的形成，是一个

◎兔毫盏 作者·李细妹

变幻莫测的过程。银兔毫能否形成既要凭手艺，还要看天意，所以，高品质的银兔毫盏极为难得，可谓“天物”。

褐色兔毫，曾为供御烧制。烧制时，结晶物质填充在一串类似鱼草的钙长石晶之间，这串“鱼草”既能把结晶物质套住，又能使结晶物质相互隔开。由这串“鱼草”中的结晶物质所形成的釉，浅色浮出釉面，链接靠拢，深色沉入釉中，使釉面形成深浅不一景象。虽结晶物质呈分散状，但内在又相互联系照应。受坯、釉、窑温的制约，褐色兔毫盏烧制成功的概率很小，难度也很大。

鹧鸪斑 鹧鸪斑建盏是建窑产品中较为名贵的品种。在建阳水吉镇古窑址发掘时，挖掘到的鹧鸪斑建盏的瓷片远远少于兔毫瓷片。由于它存世量太少，精美之器更加稀

◎鹧鸪斑大钵碗　作者·周建平

少，日本在认定建盏的等级时，就将三件鹧鸪斑建盏定为国宝。

鹧鸪背部的羽毛颜色呈紫赤相间的条纹，胸羽则有白点、正圆如珠，这种胸羽的正圆形白点是鹧鸪斑特有的标志。鹧鸪斑图案上，如珠的羽毛在阳光下更加炫目，独具风韵。历史上很多文人墨客对其之美称赞不绝。北宋黄庭坚在《满庭芳·茶》曾赞美道："纤纤捧，研膏溅乳，金缕鹧鸪斑。"南宋杨万里也称赞道："鹧斑碗面云萦字，兔褐瓯心雪作泓。"

鹧鸪斑形成是浮萍机理的作用，釉面斑点由许多小斑点拼合而成，浮出釉面的结晶物质相互靠拢。小斑点像浮萍在釉面上漂游，随机而遇靠在一起，组合成许多形状不一的大斑点，但斑点内的结

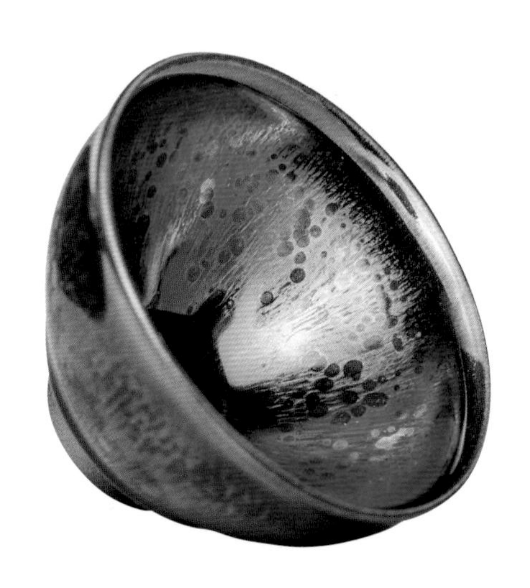

◎曜变灿若星海·作者·吴立主

晶物质却没有连成一体，是分散的，肉眼可以看见釉面上的沟纹。建盏出炉时，人们可以观察到斑点的边界在平面和纵向上的变化很大。温度高时，结晶物质在釉面漂游，分分合合，自由走动，矿物质纵向突起时为银色，沉入后则变为灰色或消失，循环往复，每次都出现相同的变化，千奇百怪。鹧鸪斑在形成过程中有明显的立体感、层次感，且变化剧烈无常，神秘莫测。这是因为它受坯料、出釉、窑温和还原时温度、湿度、光照等条件的制约，不同部位出现的斑点差别大，很不均匀，非人工所能掌控，烧制成功率极小。

形状上，建盏多是口大底小，有的形如漏斗，且多为圈足，有的圈足足底较深，有的则较浅。足根往往有如修刀感（俗称“倒角”），足底底面稍外斜。有少数建盏为实足（主要为小圆碗类）。但无论

◎敞口盏·作者·谢松青

哪种造型，都呈现出古朴浑厚，手执盏碗，有持重沉稳之感。

建盏分为敞口、撇口、敛口和束口四大类，每类分大、中、小型，小圆盏归入小型敛口盏类。

敞口盏 口沿外撇，尖圆唇，腹壁斜直或微弧，内腹较浅，腹下内收。形如漏斗状，俗称“斗笠盏”。常见中、小型盏，偶有大型。

撇口盏 口沿外撇，唇沿稍有曲折，斜腹，多为浅圈足。可分大、中、小型。此类盏大型相对多于其他类盏，成品率低，所以尤显名贵。目前，在中、小型盏中也较常见。

敛口盏 口沿微向内收敛，斜弧腹，矮圈足，造型丰满。常见于中、小型盏碗，尤其小型盏多为此形，有的为圆饼状，

◎兔毫撇口盏·叶礼忠提供

◎敛口柿红盏·丁述良提供

◎兔毫束口盏·叶智慧提供

◎束口盏·作者·李细妹

盏底为实足。

束口盏 撇沿束口，腹微弧，腹下内收，浅圈足，口沿以下约1厘米—1.5厘米，有一圈浅显的凹槽，如被条绳束成，这个凹槽有其特有作用，在人们斗茶时既可掌握茶汤的分量，又可避免茶汤外溢，所以人们把这个凹槽称为“注水线”。这类盏，腹较深，器型饱满，手感重，常见于中、小型器，而中等器型比例较高，为建盏中最具代表性的品种，也是产量最高的建盏，出土或传世品较多。

品茗妙器

美轮美奂、引发人们无限遐想的建盏，它炫目的光彩、飘逸的风姿、若隐若现的斑纹，在出神入化之中，把人们带到奇妙佳境。在这些隐隐约约、飘忽不定、炫目联想的“影像”面前，把盏品茗，真是人间一大乐趣。

那么用建盏喝茶究竟有哪些好处呢？总结前人的经验，我们暂且归结为：色、香、甘、滑。

色　茶水注入建盏后，在光线的折射下，建盏的斑纹和茶水的细小波纹交相辉映，如轻摇盏碗，涟漪初动，随着手摇摆的轻重，盏、茶即刻融为一体，盏壁绘出大千世界之幻影，盏底沉落潜游之虬龙，令人浮想联翩。盏碗中焕发出的各种神奇颜色，或蓝或金或银，使茶汤绚丽多彩，品茗之时更使人赏心悦目。

香　茶遇盏碗立即香气四溢，因为建盏的胎骨厚重，胎内蕴含细小气孔，不仅利于茶汤的保温，特别是在慢品细酌过程中，香气缓缓升起，在品茗者眼前慢慢游动，深呼吸，慢吐纳，细回味，茶的香气提升，肺腑清畅，暗香涌动，飘飘欲仙。

甘　建盏的高含铁量能起到活水、软水的功效，由于盏内气孔多，具有吸附矿物质功能，又可降低水的硬度，不仅使水变得甘甜，还可以补充人体对铁的需求。品茗时，茶水入口，在舌周环绕，慢慢下咽，便有丝丝甜意顺喉而入，直逼心田。

滑 由于建盏泡茶有保温与活水、软水的综合功能，用建盏品茗，会让人有甘润顺滑、茶性十足的感觉。往往茶才入口，丝滑柔润，韵深味浓，令人把盏爱不释手，品茗迫不及待，烘托出香茗的高雅，留下永远的记忆。

鉴别真伪

看外观 宋代建盏一般以敛口和敞口两种为多见，大多是口大足小，形如漏斗。距口沿 1 厘米处，向内凸起一道圆棱，外壁近足三分之一处没有釉色，口沿上的釉大多是深黄褐色的，釉水上薄下厚，近圈足处自然垂流成滴珠状，型号有大、中、小三种，最常见的是中型，口径 10 厘米—12 厘米、高度 5 厘米—6 厘米、圈足 2 厘米—3 厘米的为多。宋代的建盏造型敦厚古朴，线条自然流畅，修坯随意大方，造型基本形成固定模式，显现出工匠专一质朴、稳定笃实的操守，一眼看过去，即给人一种古意焕然、浑然天成之感。

后来，出现了许多仿制品，仿制品的外观则过于规整，胎釉稍薄，比宋代“盏”的尺寸略大一些，失去了原有的古朴，过分的灵巧抹杀了古韵风格。

看胎体 建盏的胎土含铁高，烧制后多呈灰褐色与黑色，质地略粗糙，胎壁较厚，有沉重感，俗称铁胎。

宋代建盏的胎土是用当地富含铁质的瓷土，盏壁的厚度 0.2 厘米—0.8 厘米，最厚处在底部超过 1 厘米，因此上手较沉，有很明显的压手感。由于当时的加工手法及工具都比较落后，因此胎土不能完全粉碎，颗粒较大，胚胎粗糙。烧制过程中由于受到一氧化碳的影响，胎呈紫褐色，粗而坚硬，重如铁渣。在宋代，修“盏”胎的工艺简单，如果处理的草率，即进行入釉烧制，出窑后需要修胎，而修胎时留下的棱角痕迹就清晰可见。

宋代建盏的底足浅，有的近似实足。而圈足建盏的底部，经常可以看到有少许浅黄色的垫饼残迹，这些残迹有的与胎土烧结在一起，所以很难去除。

仿制品的胎土由于配料和加工手法与宋代不同，胎土加工过细，胎也修得过于整齐，胎壁稍薄，外观修得弧度过圆，底足挖得稍深。特别是由于烧制技术的演进，规避了用龙窑和用松木等木料烧窑费原料、费工时的问题，烧制过程与完整的古法烧制技术大为不同，尤其是炭烧、电烧的运用，掌握窑温的技艺也有很大改进，因此仿制品的胎呈色较淡、细，没有宋代的那种粗、紫、黑、坚硬的沉重感。虽然从古老技艺传承、非遗寻根上来说，不免有一种缺失感。但是，社会的发展，技术的进步，为建盏的创新发展辟出了一条路径。

看釉色 釉色是衡量建盏优劣的重要标准。建窑黑釉是一种析晶釉，属于含铁量较高的石灰釉，从这一点上来说，完全满足烧制黑釉的基本条件。通常制作时，外壁往往施半釉，以避免在烧窑中使底部产生粘窑现象，而器物口沿釉层较薄，有的近似芒口。兔毫多为丝状呈放射状结晶，毫细长，均匀为佳，银兔毫比较难得。油滴的釉面多数为边缘界限清晰的不规则铁结晶，内底部如油滴斑纹布满的建盏，尤为珍贵。其中蓝油滴最受人喜爱。在烧制过程中，随着温度逐渐上升，釉水大量向下流动，口沿处的釉较薄，并且多呈黄褐色。这时，口沿处釉水的主要成分是三氧化二铁，因此所受到的侵蚀也比较严重。待建盏成品完成后，如用手抚摸口沿时，会有毛糙刺手的感觉。如在5—10倍放大镜下观察，可以很清晰地看到高低不平、坑坑洼洼的麻底和条状的侵蚀痕迹，有的甚至可以看见时隐时现的露胎处。

看形状 自古以来，建盏多以实用器具为主，因此无论是喝茶还是饮酒，人们一般较喜欢用束口盏。这种盏，呈沿撇束口型，盏腹微微有些弧度，盏腹下部向内收，底足呈浅圈状。盏口沿向内束成一圈浅显的凹槽，人们把这种凹槽称为“注水线”。这种盏外形饱满，手感重。由于盏口沿处有凹槽，喝茶时茶汤不易外漏，所以束口盏是喝茶、饮酒的最佳器型。

另外，建盏也有纯为观赏器的作品。从观赏角度说，撇口盏也是最受人喜爱的，这种盏口沿外撇，唇沿稍有曲折，线条美观动人。这种盏腹呈斜线形，底部为浅圈足，由于不做实用，只为观赏，一般多为大器型。由于体积大，出窑的成品率低，较显名贵。

建盏作为民间传统手工艺品，任由历史的变迁，千年不衰，是劳动人民创造的宝贵财富，成为记载中华民族历史文化发展的一部分。为了探究建盏技艺特色、总结传承发展经验，使其在经济建设中不断创造价值，造福百姓，回馈社会，我们对7位生长在建阳的建盏工艺大师进行了访谈和记录。他们通过自己的亲身经历，讲述了在建盏制作、传承道路上的艰辛。这是一段铭刻在改革开放大潮中的珍贵历程，它推动建盏走向世界，赓续传统，造福社会，惠泽人民。让经济价值和艺术价值合璧之双轮，驾起建盏的新希望、新未来，迎接时代的辉煌。

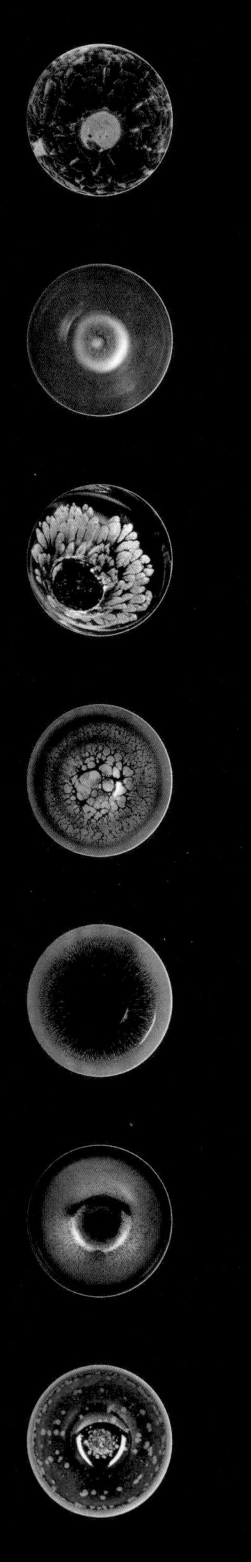

李细妹
吴立主
阙梅娇
谢松青
叶智慧
周建平
孙莉

李细妹 1955年1月生

国家级非物质文化遗产代表性项目建窑建盏烧制技艺

南平市级代表性传承人

高级技师（陶瓷装饰工一级）

福建省工艺美术协会理事

福建省非物质文化遗产协会理事

福建省南平市工艺美术名艺人

福建省南平市建阳区建窑建盏协会副会长

↑李细妹和她的《万山可染》

深耕不辍三十年

李细妹

宋代建窑发源于福建建阳后井村，在当地已经是家喻户晓的事情。可是几百年来，由于朝代更替，战事频仍，民不聊生，后井村的百姓再也不能把制作建盏当作人生中的一件乐事，再也不能把祖辈传下来的艺术留给世人。人去窑毁，建盏几乎在这里绝迹。

65年前，李细妹出生在后井村的一户农家。这个时期，中华人民共和国刚刚成立不久，已经有了土地的农民，挺起了腰板，当家做了主人。后井村和全国农村一样，百业待兴，农民兄弟各展所长，在广阔天地里大显身手，创造幸福生活。当人们有饭吃了的时候，后井村的老人们商议着如何把古窑重新建起来。但是，农耕文明向工业文明发展是一个漫长的过程。

古窑的残垣断壁，荒芜的院落，都留在李细妹的记忆里。她和小伙伴们在古窑址的土坡上玩耍，在闪闪发光的小山上，翻捡那些裸露着的建盏陶片，那时她和伙伴们还不可能意识到，她们脚下是古代建盏艺术的发源地，翻捡的是一本本历史教科书。

她被那一片片色彩斑斓的陶片吸引，时常产生不尽的联想，如梦如幻,天上的云朵、飞鸟的彩翎、四散的油花、斑痕点点的图案……神奇莫测、变化无穷，让小姑娘们产生无尽的遐想。古窑址更成了她们几乎每天光顾的地方。

随着年龄的增长，那残垣断壁的窑墙，那横七竖八的梁柱，还有那散落、堆集的瓷片……渐渐地，这一切不再是小细妹玩耍的“道具”。她经常向老人们寻问建窑的故事：一千多年前这座窑就被皇室选用，皇宫里把这里烧制出的建盏视为珍宝，皇帝将出自后井村的建盏作为随身把玩之器……听了这些讲述，李细妹对这古老的建窑增添了几分神秘感。

但是，神圣的器物在特殊的年代也会失去她的光芒甚至生命。她记得，在生产队劳动的时候，村民们给堤坝填土时，经常会从土里翻出黑黑的布满花纹的盏碗，可是，每当人们见到这些器物的时候，就会说：“又是个‘四旧’！”话音未落，一锄下去，眼前这

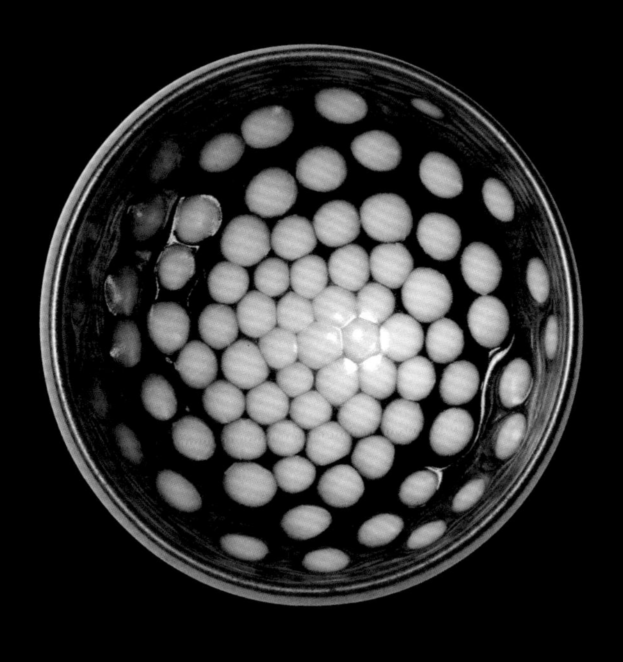

◎ 鹧鸪白

只神秘的盏碗更被砸得碎片飞溅，让细妹看了心疼。

那个坐落在村里的古窑也给村子带来许多神秘的传说。听老人们说，古时候，每次烧窑都要凑个整数，因为这座窑是专门为皇帝烧制盏碗的，内里一定要装 100 个小窑，但是有一次窑工怎么数都是只有 99 个小窑，不够数，可是欺君之罪啊，大家害怕了，村上主事的长者们干脆把窑封了，从此村里人再也不敢烧窑了。

还有一种说法，本来装进去的是盏碗坯胎，可是烧制出来了龙床、凤床，从窑口往里面看去亮晶晶的，窑工们被眼前的一个个场景吓得乱跑，有人解释说，这是地宫实景的展现，会给人间带来灾难。后来这座窑也废弃垮塌。

在李细妹看来，这些传说只是大家为停窑找了种种托词，这也更让她对建盏有了深厚的感情和一些神秘的猜测。

但是，把建盏制作作为一项事业，李细妹可从来没有想过。她也和许多农村青年一样，走出山村，到外面去闯世界。25 岁那年，她和朋友一块儿做起了倒卖苹果和西瓜的生意，跑山东、下广东、闯上海，苦打苦拼地一年下来，也赚不到多少钱。

有一天，她拿着家里的一只旧碗吃饭，一位广东收苹果的老板盯着那只碗看，这让李细妹不好意思起来："你看啥？"

那人直截了当地问她，这碗哪来的？这更让她莫名其妙起来："这就是农村普普通通的饭碗，咋啦，是宝贝？"

“你还别说，我看它还真是个宝贝。”那人信心满满。

“那你拿去好了。”

“别、别，一个可不够，我要 100 个！ 1000 个！”

“啊！太多了，那可不太好找。”

李细妹想，一个农家吃饭的碗，还能成了宝贝？

她应承着答应了那位老板，回到家乡去找碗。

老人们告诉她，这碗叫黑碗，只能到池中碗厂去买。

于是，李细妹放下手里的买卖，跑到池中碗厂，把厂里成型的、有点模样的黑碗全部买下。

提起这段往事，李细妹说：“那一回，就把做苹果、西瓜买卖赚的钱全部买成了黑碗，一个就 200 元呀！”

有人说：“细妹这下子可完了，辛辛苦苦赚来的钱要打水漂了。”

可是细妹不信邪，她背着那些“宝贝”下广东去了。没想到，当地人见了这些宝贝，一传十，十传百，很快，她带去的黑碗就卖光了，一个竟然能卖 800 元！

可是，过了两年，池中碗厂面临改制，工人有的下岗，有的买断工龄走向社会，碗厂撤销。李细妹的黑碗生意也做不成了。

李细妹是个不服输的人，她想，工厂没有了，我们为什么不能自己制作黑碗呢？

她筹备资金，开始搞黑碗试验。

◎ 李细妹在拉坯

可是，“钉子”一个一个地迎头碰来。

烧制黑碗，需要接三相电，她去电站报户跑了无数次都被碰了回来，手里拿着钱，也办不成事。足足等了一年多，最后才将三相电的户头报下来。

接着找来电焊工，根据以前在池中碗厂看到过的窑炉结构大体上做出了一台相当的自制电炉，开始准备搞试验烧黑碗了。

可是，她想得太简单了，没有工艺技术基础、没有理论数据、完全没有瓷器烧制经验，这一切有如登天之难。李细妹自此踏上了烧制黑碗的这条“不归路”。

在烧了一年多还是烧不出黑色的窘境下，在面对因为制作窑炉、购买原材料等支出而欠下的 4 万多元外债的情况下，每天烧炉还要产生高昂的50元电费和一家人的生活开支，李细妹没有放弃，仍然不死心，继续搞试验。有一天，她碰到一位原瓷厂的老员工，便细心向其请教："原来池中碗厂的碗是要怎么样才能烧出来的啊？"答："我也不知道啊，听说要用灰。""灰？什么灰？"答："我也不知道什么灰。"

于是，她就把锅背到山上去烧灰，将各种各样的木头、树枝都砍下来拿去烧成灰，再带到家里淘洗之后放进配料里制成釉，然后上釉以后放窑炉里烧制，却怎么也不黑。后来她就到农民家里去收集锅灶膛中的烧火后落下来的灰，她走村串巷，挨家挨户地收，乡亲们也都莫名其妙，不晓得这个细妹搞的是啥名堂，反正她要的又不是什么值钱东西，还帮助清理了灶膛，不管有多少，都让她取走。

在细妹看来，这些灰是她的宝贝。她小心翼翼地洗灰，没想到这次经过洗了的灰泥一放进釉里拿进炉烧出来后变成了黑色！这实在让她喜出望外。

经过多次试验，黑碗上竟出现了兔毫图案！后来又烧出了油滴！

一个雷雨交加的夜晚，她和爱人商量着："这一炉该出了。"

他们来到炉前，沉心静气，默念着对这一批黑碗的祝福。炉门打开，亮光挟着一缕缕青烟，缭绕蜿蜒着升腾而起，一个个闪着亮色的黑碗出现在她面前，"啊！快看是油滴！"随着细妹的声音望去，每个盏碗上都布满了油滴，有的如同刚刚滴上去的亮油，欲滚落在手，有的相互依靠，亲如兄弟。李细妹和爱人激动得跳了起来，“成功了！成功了！……”让他们没有想到的是，就是在这样一个小小的土炉里竟烧出了盏碗精品！

这个消息一下子在建阳传开了：“这是第一家恢复制作出来的油滴建盏！”也轰动了建阳的古玩界！一直传到莆田，甚至传到广州！慕名前来的买家络绎不绝。

当李细妹和我们讲起这段往事的时候，她按捺不住激动的心情：“我是 1987 年开始接触建盏的，在广东卖一个建盏可以赚 600 元，这让我尝到了甜头，也让我有了制作建盏的动力。过去我把苹果从山东运到广州，一斤才赚两分钱，一个月下来能赚到四五百元就很高兴了。我爱人在单位上班一个月工资才二三十元，后来我就不做苹果生意了，一门心思扑在了建盏上。”

李细妹有些神秘地说：“我爱人脑子灵活，还有些小聪明，他会电工。一次，我把池中碗厂的技术员请到家里拉坯，刚刚拉了两个盏碗，他就学会了，后来他成了拉盏碗的行家，特别是油滴盏碗做得真是漂亮。再后来，我们家把油滴盏烧制技术传授给建阳七八家企业，这些企业又传授到几十家，就这样油滴盏烧制技术一下子在建阳传开了，市场也越做越大了。”

李细妹高兴地说：“现在就靠这个行业解决了许多人的就业问题，家庭有了收入，地方经济也有了发展。”

至今李细妹也忘不了让她与建盏结缘的池中碗厂，也忘不了那些无私相助的老师傅。

每次她从广东回来取货，池中碗厂的师傅们都很热情地接待她，但是当她问起盏碗的做法时，却得不到大家的回答。

后来李细妹才知道，当时最早恢复出建盏兔毫斑纹的是国家成立的专家团队，只有参与这个恢复小组的专家团队的核心成员才掌握这个兔毫釉的配方，不是核心成员就算是恢复小组的人也没有配方，更何况她去请教的池中碗厂的师傅都不是恢复小组的成员。

她了解到，池中碗厂有许多老师傅年纪大了，做不了盏碗，几位年轻师傅凭原来学到的技术，只能做一些简单的盏碗，而且多是兔毫。于是她决定把油滴盏恢复起来。

制作盏碗采用哪里的泥土很关键，甚至是决定成败的事情。

历史上，之所以把盏碗称为建盏，就是因为这个工艺的发源地在建阳，而且是在建阳的水吉镇。因为建盏的原材料对矿石及泥土的要求很高，含铁量是其中的主要标准，而且对人体不会产生危害。建阳的水吉镇周围的泥土就达到了这个要求，而最好的土出自水吉镇后井村的芦花坪。

李细妹对胎土的选用及配比极为讲究，严格筛选建阳当地含铁量丰富的泥土，兼收一些不同品种的泥土，进行超精细配比调和。

李细妹说："近年发现水吉镇的社长埂、庵尾山村的泥土也都很好。"她指着对面山上说："你们看，那个山上泥巴比较黄的，就是含铁量高的。"

讲起采土、保管、生产过程中的细节，李细妹说："这里边的讲究可多着呢。"

开始由于用土量不多，他们也不注意保管，采取原始的取土办法，随便到山上背一些回来，东山上取一二百斤，西山沟再挖一二百斤，再雇个三轮车或者叫个拖拉机把土运到家里。他们把这些来自不同山坡沟渠的泥土洗、滤，又经过陈腐、拉坯、修坯，要求把泥土弄得干干净净。然后用老瓷片比照做试验，如果烧制失败，他们就从土质和工艺上找原因，出现开裂或花纹不好，首先在配方上找原因，再从土质上找问题，最后对烧制过程进行逐一分析。为此他们跑遍了附近的山山岭岭，反复进行配方调试，成百上千遍地烧窑……打碎的瓷片、破片堆成了山。

李细妹说："我们在研究油滴盏上，可是吃了不少苦，正是由于我们这样拼，才积累了一些经验，有一套自己研究出来的理论数据。"

为了留下数据，她对每一个过程都要做笔录，泥巴的配比，釉水、草木灰、釉石的配比，哪一片山的釉石好用，每一窑应该保持的温度，出炉时的成品标准等，李细妹都记得一清二楚。但是也有让她惋惜的事情，开始搞试验时，每一次出窑，都会有一些残品，她没有注意把瓷片有选择性地保留起来，后来，又搬了几次地方，更是片瓷未存。因为没有与旧瓷片的比对，只好凭着记忆与经验一点点地摸索、恢复。

说到这，她停顿了一下："但是，现在做建盏就不用吃这些苦了，不用再去山上挖泥巴，直接就可以买洗好的泥，买现成的坯。我们以前哪里有啊，什么都要靠自己，只有几口大缸是买来的，洗泥、过滤，都是用手工，哪里见过压滤机、练泥机呀！每日每夜两只手都在泥里水里。但是我对这一行充满了兴趣，也尝到了甜头，所以再苦也不觉得苦了。"

为了进一步研究各种建盏的制作工艺，她买来许多古盏碎片，仔细对比查看，很快掌握了仿古技艺，选择好胎体后，修坯、盏型等各个方面都根据老的来做，一下子被市场认可，一度出现供不应求的情况。

一天，一位上海老板带来一位年轻人，一进门，年轻人就被眼前各种各样的建盏惊住了，一个一个地仔细端详，爱不释手。李细妹一个一个耐心地做介绍，没承想，这一番挑选竟到了半夜两点多钟，这位年轻人几乎把李细妹家里的最好的建盏都买走了。

2016 年 12 月的一天，在日本生活的女儿打来电话说，在日本电视台《开运鉴定团》的节目中，看到了妈妈卖出去的建盏，并受到专家的一致判定：这是世界上第四只曜变天目茶碗！

这让李细妹很感意外，她才知道，那天买走她那么多建盏的是位日本青年。

2017年，日本的陶艺家长江惣吉来到建阳，他是参加建阳“建盏文博会”的，他还带来了上电视的那个建盏，专门来寻找建阳的老艺人，一定要找到这个建盏的制作者。

当长江惣吉来到李细妹的工作室，一下子就被展台上一件件建盏所吸引，在他一次次恳请下，李细妹为这位日本友人做介绍，从用料到每一道工序，李细妹详细地进行讲解，长江惣吉又与其他建盏大师作品进行认真比较，最后，他下了这样一个定论：这只建盏就是李细妹制作的！既不是其他大师的作品，更不是“日本的第四个曜变”！否定了日本电视台《开运鉴定团》的节目中“日本的第四个曜变”的结论。这个消息马上炸开了，福建电视台记者对李细妹进行了细致的采访报道。

一天，李细妹在厂里上班，日本的电视台记者来到厂里，专门采访她仿古建盏的制作方法。李细妹介绍，自从日本电视台报道后，她接到许多从日本打来的电话，都在询问：这个盏怎么确定是你做的？

李细妹不假思索地回答：“是我做的啊！我不仅做了这一只，还做了很多啊。”

◎“万山可染”外部

在场的人一致要求李细妹做演示。李细妹二话不说，撸起袖子熟练地操作起来……

不久，她女儿从日本打来电话说，日本三大电视台都播报了这个事情，引起了很大的轰动！

李细妹用事实推翻了“日本的第四个曜变”的神话！

很快，美国、加拿大、日本、意大利等国家，以及中国台湾、香港、澳门地区都有人要求收藏李细妹的作品。

建盏的工艺与制作其他器皿是相通的。她把制作各种花瓶、酒壶、茶壶、杯子、盘、碗都纳入业务范围之中。由此，她产生了向烧制大器型盏挑战的想法。

对于坚持不懈烧制大型建盏，李细妹有她自己的认识。由于建盏采用原材料的特性，所用的胎土含铁量高，缺乏韧性与可塑性，在宋代出土的建盏中最大口径不过 30 厘米。于是，李细妹多次往返于景德镇、龙泉、德化等地，拜访各地做大器型的陶瓷老师傅，经过 3 个多月的调试才最终将建盏泥料调配好。

李细妹告诉我们，她经过很多次失败，有过沮丧，有过徘徊，是炙热的“爱”，让她对这一古老神秘的手工技艺无法自拔。有一次，她在一个特制的炉里只装了一个大盏，出炉的时候，她屏住呼吸，目不转睛地等待奇迹的出现。不一会儿，江山如画、气象万千的画面出现在这只直径 49 厘米的大盏上，似云似雾似纱似缦在釉面上游动、铺散。山石古树稳健挺拔，花草流水灵动曼妙。当李细妹稳稳地托起这只奇盏的时候，她的心好像跳到了嗓子眼儿，不知道该给它起个什么名字，但她隐隐约约地感到这是上天的赐予，不能轻易拿出来亮相。

从此以后，这个被命名为“万山可染”的建盏名扬四方。

说起“万山可染”极品建盏，李细妹总是按捺不住激动的心情。

当我们问她：“这个盏碗究竟是怎么做出来的呢？”

李细妹说：“其实，在制作这件作品的时候，我是没有一点思想准备的。”

“那是2013年的事情了，这是我一生中做的唯一一个极品建盏，事先我并没有对产品做什么设计，只是觉得做了这么多年建盏，最大的直径只有 30 厘米，何不做一些大坯烧制大件的建盏呢。但是烧了几次，出窑时几乎都裂了，因为建盏的泥巴很脆，没有韧性，做大的不是开裂就是起泡。”

但是李细妹并没有灰心。后来，她又烧了许多窑大坯盏，只有一个直径 58 厘米的大盏烧成功了，但是花纹并不算理想。

李细妹就是有这么一股子韧劲，绝不轻易停下做大盏的脚步。随后，她不断地有大型建盏作品问世。

正是在不间断的实践中，她将这个口径 49 厘米、高 14 厘米、重 8.8 千克的盏碗烧制完成。成品令人出乎意料，釉面斑纹山峦起伏、云海涌动，草木葱茏、溪瀑奔流，呈现出中国山水画的气韵与意境。

这个盏碗的画面，犹如国画大师李可染的名画《万山红遍》的图景。不少业内专家、爱盏人士看了后“叹为观止”，都用“极品”“仙盏”等词语形容此盏，业界誉此盏为建盏窑变的典范。

李细妹说，当时烧制这件作品时并不是有意要烧什么山水画，只是想着烧一件大器型的兔毫盏，却意外烧出了这件可遇不可求的绝世珍品。对此，李细妹感慨道：“能烧出极品盏有时是靠运气的。也许是上天看我倾其全部心血致力于建盏事业，特意送给我的礼物吧！”

她说：“六七年前我烧出了这个‘万山可染’，但是一直没有正式拿出来在社会上亮相，当时觉得如果能够再烧出来这样独特的

◎“万山可染”内部

作品，那我们就可以研究制作大大小小各种各样的器型了。所以就继续搞工艺试验。”

李细妹讲道：“记得是 2016 年时，福建省电视台来拍一个关于建盏匠人的节目，编导在我工作室看到我有 30 厘米的盏碗就觉得很稀奇，决定要把这个 30 厘米直径的盏碗拍到节目里面去，我当时对编导说：‘这个有什么好稀奇的，我们还有一个更大的盏呢。’当我把这个‘万山可染’拿出来后，在场的人震惊不已，都说很稀奇，一下子引来好多人围观，七嘴八舌地议论说这么大的盏，这么奇特的斑纹，从来没有见过。后来，建阳区的领导知道了这个消息，也纷纷来看这个盏，向外界推介这个盏。”

“万山可染”很快传遍了祖国大江南北。北京的一位客户专程赶到建阳，找到李细妹，要高价买这个盏，李细妹毫不为之所动。后来，陆续又有许多国内外收藏家想用更高的价钱收走这个极品盏碗，她仍然不舍得出手。毕竟这是她从艺30年来，制作的几万件建盏作品中的第一个大型盏碗！

“这件作品纯粹是偶然间变化出来的，没有办法复制。后来我又做了200多个坯，但是一个都烧不出来！几年下来，我又投了几十万元，仔细研究，反复烧制，仍然一无所获，太难太难了啊！所以我只能相信：这是上天的赐予！我要用生命守护好它。”

我们对“万山可染”这个名字很好奇：“这只盏碗的名字是怎么来的呢？”

李细妹讲起了它的来历：“2014年，我参加了在福州‘三坊七巷’举办的一个展览。当这个神奇的盏碗出现在大家面前的时候，一下子传开了，媒体进行了广泛报道。一位名为‘木木越风’的网友主动与我们联系说，这样一只神奇的盏碗怎么能没有一个名字呢？他说：‘我帮你们取一个和它相匹配的名字吧。’我们听了很高兴。大概过了一个礼拜，他发来了‘万山可染’这样一个名字，还写了一篇‘万山可染’的评论文章。”说到这里李细妹停住了讲述，有些怅然：“我们一直在寻找‘木木越风’本人，可总是无果。听说他很多年前就开始关注建盏，在网上经常会发表一些关于建盏的文章，但从来没有露过面。”

“万山可染”火了。建盏收藏家们纷纷联系李细妹参加各种展览。一次，一位朋友建议她把这个盏带到日本去展出。随后，在齐备的安全保护下，“万山可染”亮相日本，在当地引起不小的轰动。日本的媒体争相报道，吸引了许多收藏爱好者纷纷竞价购买，但是，李细妹并不为金钱所动，展出结束后，她带着“万山可染”这一非物质文化遗产瑰宝回到祖国。

我们可以想象李细妹烧出这个轰动世界大盏的心情，但是对于如何产生这样一个神奇的画面，一直是我们心中的不解。

李细妹说：“这样斑纹的釉面让我很是惊喜，总是想再烧出两只，这样我就可以出售一只，自己收藏一只，另外一只捐献给国家。可是几年过去了，一只都烧不出来！”

“这只盏是原矿釉烧的吗？”

对我们的提问，李细妹说：“是啊，如果不是原矿釉，绝对烧不出来这种釉面的。开始我原本是要烧兔毫盏的，却不承想烧出来一幅山水画。”

李细妹指着这只盏上一丝丝的兔毫痕迹说：“这是因为矿釉随时会出现变化，是人工不可控的，不知道它什么时候开始流动，往哪个方向流动，最后会变成什么样的花纹。后来有很多人努力模仿，但是烧出来后都不像。毕竟这是通过自然窑变才出来的花纹，不是人为画上去的，也不是人为可以控制的，所以到现在为止都还没有人能烧出与‘万山可染’相仿的盏碗。”

自从被授予“国家级非物质文化遗产代表性项目建窑建盏烧制技艺南平市级代表性传承人”称号后，她更加刻苦钻研，不敢有丝毫懈怠。她说：“这个荣誉是政府授予的，也是得到专家们公认的，是我们老一辈师傅们传授经验才留存下来的，也是经过自己不少艰辛努力才恢复出来的。我忘不了池中碗厂技术员们的帮助，他们都是我成功背后的有力支持，成果是大家的，也是我们国家的。”

在制作建盏期间，李细妹也经历过惊心动魄险些殒命的危险。她给我们讲述了让她时刻都感到后怕的事情。

有一次，她正在专心地压坯，不知怎么她的衣服被机器卷进去了，一下子她头撞在机器上。顿时，她感到天旋地转，压坯车上的刀尖刺进了距离眼睛仅有 2 毫米的位置，压坯车旋转的转头硬生生地把肚子磨出了一个大洞。顷刻间，她成了一个血人！她挣扎着去找开关，但是手又够不到电闸。仅凭最后一点力气，她发出了呼救，正在工作的儿子和儿媳妇隐约听到声音后，飞快地跑来关上了电闸。大家把奄奄一息的李细妹送到医院，在场的医生护士们说再晚来半个小时，恐怕人就没了。

几个月后，李细妹奇迹般地重新回到车间，她说：“做成一项事业，一定要付出超乎常人的辛苦，才能守住传统。”

在与李细妹的交谈中，她几乎开口不离本行，说起建盏的制作总是滔滔不绝。

面对市场上五花八门的彩釉瓷品，李细妹也和许多人一样，曾经制作了蝴蝶盏、青龙白虎等盏品，但完全是为了迎合市场，不属于建盏釉。同行们曾经到德化、景德镇买了几种当地的釉，与建阳的釉水调配在一起，有人称之为创新。这种特别的盏品一出现，表面上看是出了所谓的新花样，还引来韩国、日本买家的关注。然而，创新离不开守正。继承古老的技艺需要坚守传统，虽然随着时代的发展，人们的审美需求发生了变化，但一味地在原材料上做文章，把各地不同的釉料配合在一起烧制盏碗，将其视为创新，李细妹认为是不正确的。她认为，一定要在传承技艺上做文章，不能在其他方面寻求什么花样，朴实守正才好。

于是，她停烧了与外地釉合成的全部产品，只烧建阳正宗的建盏釉。尽管还有很多人在烧外地釉，市场也很不错，但李细妹依然走自己的路。

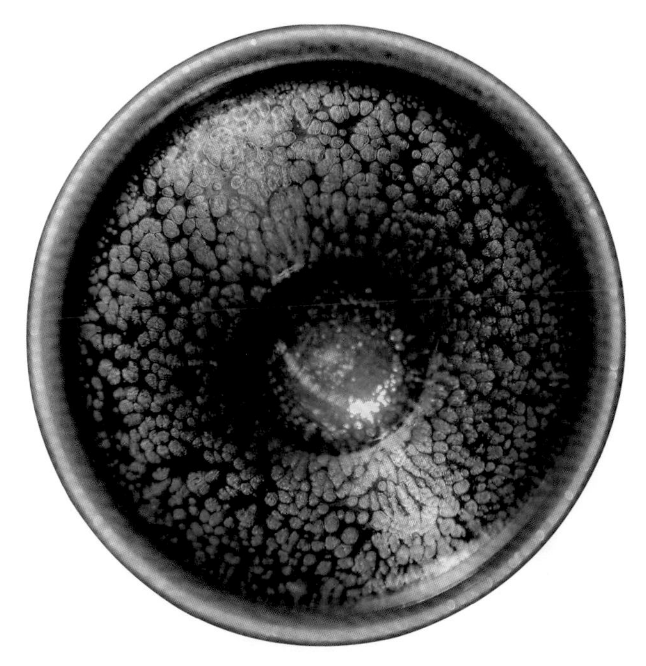

◎ 油滴盏

李细妹说："一定要在工艺上下功夫！坚守古法制作，同时在烧制过程中加上新的科技元素。"这对她来说，是一个很重要的题目，如同攀登一座高峰！

李细妹采取传统与创新相结合的办法，把研发力量全部放在建盏釉上，烧制彩金油滴和彩毫。

"那些红红绿绿的，五花八门乱七八糟的釉是绝对烧不出兔毫、油滴的，我们建盏的红色、绿色都是自然的，主要是靠烧盏的技术，才会出现各式各样的花纹。‘入窑一色，出窑万彩’就是这个道理。技术如果掌握得不好，就出现不好看的花纹，烧窑时间，投放油柴的时间、次数、数量，以及保温时间的长短，都是很有讲究的。因为拉坯、修坯、配方都是相对固定的，并且也有成形的数据，后面的工艺主要是靠烧窑的技术。比如，我今天烧一炉，可能成品很漂亮，明天继续这样烧，但就会出现不同的结果。一模一样的窑，有炉中间的、上层的、下层的，还有炉里、炉外都会出现不同的釉色和斑纹。所以说，建盏神奇就神奇在这里。”

说起烧德化釉、景德镇釉能赚大钱，李细妹有自己的认识，“作为传承人我要带头不烧外地釉，开始有人不认可，市场效益也不太好，可是自从认识建盏，喜爱建盏的人越来越多，我的作品越来越受市场欢迎，作为传承人有这个义务和责任，把这个传统技艺带上正确的道路。”

面对建盏行业的未来发展，李细妹信心十足。她说：“在国家和地方政府的大力支持下，非物质文化遗产越来越受到重视，我们建盏事业发展前景也越来越好。我要在培养传承人上下功夫，现在我带了20多个徒弟，其中也包括我儿子。我要求他们坚持用传统的原矿釉烧制建盏。基本功扎实后，在此基础上再做一些创新，让建盏既不脱离传统，又不乏时代创新。这应该也是今后这个行业的手艺人们所要走的方向吧。现在，我们遵循传统，仿烧出宋代老盏之后，也要用我们现代匠人自己的风格解读建盏，用新的思维来指引我们做一些适当的创新，更好地传承、发扬建盏文化。这是历史赋予我们的责任。”

说起李细妹对建盏事业的贡献，真可谓有口皆碑。

李细妹深耕建盏技艺 30 年间，她开创性地将松柴引入电窑，达到烧制建盏所需的还原效果，这一特殊烧制技艺现在被业内推广使用。经过不断的试验和努力，她又烧制出了油滴、兔毫、鹧鸪斑、铁锈斑、茶叶末、柿红、灰被、曜变等几乎所有釉斑品种。

她的儿子卢毅，1986 年出生，从小受到母亲的影响，生活中一直伴随着建盏技艺，耳濡目染。2008 年大学毕业后，卢毅便跟随母亲李细妹开始制作建盏。有一天，卢毅对母亲说：“妈妈，很多外面的人对建盏都不认识，何谈销售？而且大家也都不愿意掏这么多钱来买这个可有可无的东西啊？”李细妹沉思了一会儿，回答道：“要不这样吧，日本人一直以来都很喜欢建盏，还把我们建盏作为国宝，你去日本看看，把我们的建盏传播到日本去。”

于是，经过大半年的日语学习后，卢毅便如期飞往日本。通过两年的参观、考察，卢毅对建盏在日本的市场及现状有了深入的了解，对建盏发展的认识也开始发生了变化。他告诉母亲：建盏在日本被称为“天目茶碗”，有 4 只被定为国宝。在日本普通民众的心中，是将建盏视为珍宝的，并不用于日常生活中。因此，建盏在日本没

◎李细妹和儿子卢毅在工作中

有形成足够的市场接受氛围。他想，中日文化是相通的，如果在家乡把建盏文化发扬光大，能够让中国普通百姓认识它，在日常生活中用上建盏茶碗，这样随着中日文化的交流，今后打开日本大众市场也一定不是难事儿。

带着这样的想法，卢毅回到了家乡，回到了李细妹身边，与母亲一起从事建盏事业，希望通过自己的努力，可以让这一人间瑰宝走入寻常百姓家。

到现在，卢毅从事建盏技艺已经8年了。其间，他和母亲李细妹合作烧制出“神盏”“一盏一城”系列作品，受到各界的一致好评。

李细妹高兴地说：“‘一盏一城’系列作品，可以说是我们窑的代表作。”

他们首次将兔毫斑、油滴斑、鹧鸪斑、柿红釉、乌金釉、灰被、茶叶末、铁锈斑 8 种名贵品种烧制成功，并合成一个系列，通过这 8 种釉面反映出 8 种情感的建盏：

乌金盏 其深邃如星空之神秘，一眼不见底，漫天繁星尽藏于一盏，看似空无一物，实则无一物中无尽藏。

灰被盏 介于黑与白之间，进可有黑釉之无穷魅力，退又含白色之神韵，这种可进可退的颜色，恰恰应了宋代崇尚自然，追求古朴、独特的审美观。

茶叶末 釉面成色类似抹茶色，色泽均匀、通透，同时还有细密的开片，盏身内外开片均匀、统一，一抹翠色脱胎于建盏之中，仿佛能传出玲珑清脆的冰裂之声。

兔毫斑 其胎骨似铁，绀黑如漆的釉面上现出丝丝纹理，犹如兔子身上的毫毛一样，纹脉清晰、丝丝相连、苍劲有力、闪闪发光，玻化程度极好，色泽光亮。

铁锈斑 斑纹颜色如同生锈一般。李细妹在烧制兔毫斑纹基础上攻克难关，改良配方，将釉面斑纹烧出一道道“杠”，“杠”上釉面斑纹颜色如铁生锈，但锈而不失光泽，玻化光亮，镜面效果极佳，既是天工巧合亦是炉火纯青工艺的表现。

柿红斑 红中透出金色毫丝，其色红润饱满，如同熟透的柿子

◎“一盏一城”系列作品

般娇艳欲滴，而其光泽又内敛温润，红色釉面斑纹极为玻化，金色与红色相辉映如凤凰涅槃，浴火重生。

鹧鸪斑　宋代建窑的能工巧匠们借用仿生手法将鹧鸪斑纹烧制于建盏釉面之上，栩栩如生，令人叹为观止。釉面斑纹犹如鹧鸪鸟胸前遍布白点圆珠的斑纹，黑底白点，黑白分明。“鹧斑碗面云萦字，兔褐瓯心雪作泓”“建安瓮碗鹧鸪斑，谷帘水与月共色”，均是古代文人墨客对建盏鹧鸪斑纹的准确描述，可见其历史地位与文学价值。

油滴盏　李细妹自 1987 年开始对建盏研究试验，历经 7 年的努力，于 1993 年成功烧制出银油滴。开创性地将松树根（油柴）投入电窑，仿造宋代柴烧窑技法， 达到烧制建盏所需要的还原气氛，其烧制的油滴盏，釉色

◎鹧鸪斑

古朴，釉面斑纹匀称，如粒粒露珠滴落在平静的水面上，结晶体饱满、均匀，色泽透亮成银白色状。垂落而下的釉珠饱满而有张力地停驻在盏中，层层叠叠的斑纹交织出一片浩瀚星空！器内外皆施黑釉，色泽深沉，银斑呈放射状分布，宛如置身于浩瀚宇宙之中。

李细妹非常感谢国家和当地政府给予的支持和认可。如今，她是国家级非物质文化遗产代表性项目建窑建盏烧制技艺南平市级代表性传承人、南平市工艺美术名艺人、开河窑建盏创始人、建窑窑变山水画盏创始人。她还荣任南平市建阳区建窑建盏协会副会长、日本亚洲陶艺发展中心理事。

吴立主 1959年7月生
国家级非物质文化遗产代表性项目建窑建盏烧制技艺
南平市级代表性传承人
高级技师
福建省工艺美术名人

↑吴立主工作照

曜变路上夺天工

吴立主

56年前，在建窑遗址村——后井村半岭自然村的小山头上，一个4岁的小男孩在碗厂门口捏泥人、小狗、小鸭。

妈妈喊他："回家吃饭喽！"喊了五六遍，这个小男孩才听到。究竟是什么让这个小男孩着了迷？

恍过神来的小男孩匆匆忙忙往家跑，但是，到家后不是挨老爹打，就是饭菜都被兄弟们抢吃光了。

这个小男孩就是吴立主。

吴立主的祖籍在浙江省庆元县，民国初年，庆元县闹饥荒，祖辈们就带着一家老小，一路讨饭，来到了福建水吉县后井村，厚道的后井村民们收留了逃难的吴家人。吴家父辈在当地便以租田、打零工为生。

后井村附近有几个烧制碗的窑口，每到农活不忙的时候，也是烧窑的旺季。吴立主的祖父便带着他父亲来到窑上讨生活，挖泥、洗泥、练泥、砍柴火，把窑里所有的工序都干了一个遍。饱受了生活的艰辛和摔打，吴家男劳力们慢慢成了窑上的行家。

吴立主的童年几乎是在窑边度过的。他从小跟着祖父、父亲干活，每天与泥巴打交道，当他看着泥土在手中一张一弛，幼小的心灵深处便埋下了“因泥而生”的念头。

长大后，吴立主成了后井村一位地道的农民，插秧、耘田、割稻、打谷……样样农活干起来，都是好样的。农闲时节，他仍然如父辈一样，到窑上拉坯、修坯、烧建盏，他要与泥巴打起永世不绝的交道！

1977 年 9 月的一天，福建省考古队来到水吉镇，要对后井村和芦花坪等几个村的建窑进行发掘，探索建窑的奥秘，并且要在当地找一位年轻小伙子协助工作。18 岁的吴立主听到这个消息后，找到生产队长，自告奋勇。队长高兴地说：“看你聪明勤快，我也正好想把这个任务交给你。”

于是，吴立主作为一名“编外人员”，参加了考古队的工作。回想起那时的工作，吴立主感到过于简单，每天就是负责把窑址上方和周围的杂草、小树、窑砖清理干净。干完这些杂活，就是看着考古队的同志们在泥土里抠抠挖挖，有时候用小铲子轻轻地扒开泥土，用小毛刷把破瓷片上的泥土清理干净。很快，那些在常人看来全部是废品的瓷片摆放了一院子。

一个多月后，考古队队长把吴立主叫到跟前说："我看你工作很认真，从今天开始和大家一块儿清洗瓷片吧，也学习一些辨识知识。"

这让吴立主喜出望外。

每当傍晚时分，吴立主就和考古队的队员们一道清洗建盏残片。

看到那些光彩斑斓的釉片，唤起了吴立主许许多多的遐想，他经常一边洗一边向老师们请教，在这个过程中学到了很多考古知识和对残片的辨认常识。

在发掘芦花坪窑遗址时，他了解到，芦花坪遗址是后井、池中建窑遗址群中品质、品相最好的窑口，因为在这里出土了大量精美的建盏。这让吴立主更加感到参与此项工作的意义，也让他喜欢上了建盏。每当他从田间地头走过，都会注意去发现盏片，有时在自家的菜地里，有时在自家的稻田中，经常会挖出一些小残片，偶尔也会有一两块比较完整的。

但是，埋在泥土里的建盏残片经常会影响农民们的劳作，有时还会扎破老乡们的脚。他也常常能听到人们抱怨的声音，有的老乡发现有大的残片，就用锄头砸碎或扔到远处。每当遇到这种情况，

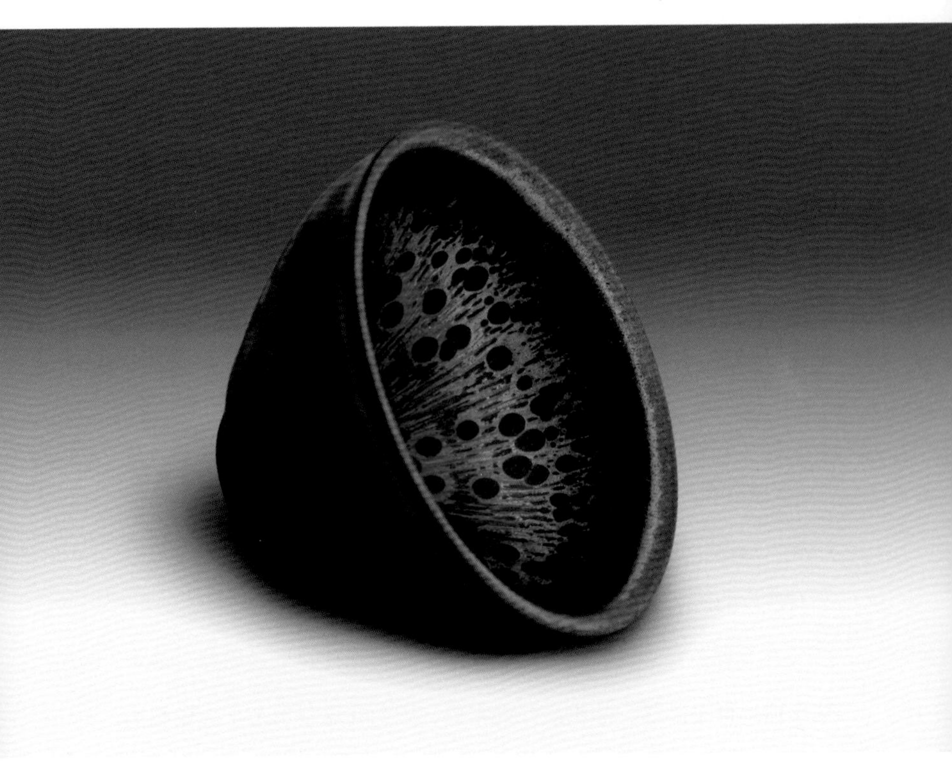

◎传统束口曜变盏

吴立主就跑上前去，向老乡们讨要瓷片，收入囊中。这些瓷片对他来说，如获至宝。回家后，他小心翼翼地把它们清洗干净。有时候遇到花纹好的残片，他就把这些宝贝摆在小桌上仔细端详、欣赏。此时，他竟然能把考古队老师讲解的知识都用上。他在瓷片中看到了另一个世界，无比兴奋。

“哦，这个是束口盏，那个是敛口盏；这个是撇口盏，那个是敞口盏；这种是兔毫，那种是鹧鸪斑；这种是茶末绿，那种是柿红釉……”他口中念念有词，一看就是大半天。开始，父母看他整天对着那些倒贴钱也没人要的残破瓷片不离手，口中还唠唠叨叨的，以为他着了什么魔。这时候的吴立主还真就成了一个被瓷片迷惑了的人。父母常常责怪他不干正事、不着调，家里做好了饭，也顾不上吃，经常是想起吃饭时，桌子上只有一些冰冷的残羹剩饭了。日久天长，不按时吃饭、吃冷饭，他的胃落下了毛病，身体瘦削，长成了一副瘦身子骨。

可是，这些对他来说算不上什么，只要能够学习建盏知识，他觉得吃什么苦都值得。

随着时间的推移，他对建盏的研究愈加“一发不可收拾”。在他心里，建盏是古代劳动人民留下的宝贝，应该保护起来，传承下去。但是，要保护、传承，说不出个道道哪行？

他从自家田里、自留山上，“挖地三尺”，满世界寻找建盏残片，拿回家仔细清洗，认真修复。一开始怎么也补不好，因为许多残片并不属于一个建盏，对齐整是很难的，要么连接不上，要么磨不平整，要么颜色花纹有差异……总之，要修复一个建盏需要从成百上千个残片中寻找。

经过多次的失败和摸索，每一个残片都印在他的脑海里，他以极大的毅力和耐心，把一个个残片自然合理地拼接起来，仔细黏合、修复，有的经过一番“摆弄”，可以达到“天衣无缝”的效果。有几只古瓷建盏经过他的修复，竟没有一丝痕迹，颜色也仿若天然统一，如不用放大镜仔细寻找，很难看得出是修复拼接之物。为了盏面平滑，有时在黏对古瓷残片时，他会用金属片、铁棒等器物，在建盏边沿上刮磨，虽然经过一番打磨，但拼接好的建盏依然能发出金属般的声音。

吴立主成了远近闻名的修复古瓷建盏能手，乡里乡亲们捡到了瓷片都送给他，因为在大家眼里，他是一个能够变废为宝的能人。

起初，吴立主的想法很简单，他觉得这么好的宝贝不能让它就这么破损消失了，只要能修补，恢复成个像模像样的盏，就满足了。

可是，古人们留在地里、山上的残片越来越少，只靠捡来的瓷片做修复、拼接是不能延续他与建盏之缘的，他开始思考起未来之路。

1987年，吴立主开始尝试烧制建盏。

为了烧制出仿古建盏，他走遍了附近几个乡镇有古窑的地方，但收获并不理想。后来他找到了政和县东平镇的龙窑，这是一座从山脚下一直伸向坡顶的古窑，长达近百米，据老人们说，这座窑里曾经烧出过建盏极品，还曾进贡给皇帝，令其龙颜大悦，成为宫里珍宠之品。于是，这座窑被皇帝封为官家“龙窑”。

从古窑构造和与百姓们的交谈中，吴立主确定这是一座废弃了近百年的“龙窑”。凭借着和考古工作队工作时学习积累的挖掘、整理废弃古窑的经验，他很快组织人力将这座古窑修整好，使其具备了能够开火烧制建盏的条件。

在古窑周边，他陆续找到了一些埋藏土里的半成品老盏。他小心翼翼地把它们摆到窑里，心想，这些废盏片曾经也应该是在龙窑里烧出来的，由于各种历史原因没有烧熟。窑炉准备开火了……他望着那片拾来的废盏，不由得叹息道：原本应成为精品的盏碗，如今成了被人遗弃的废品！突然，他眼前一亮，做出了一个大胆的设想：何不先把被人丢弃近百年、带“龟裂纹”的半成品烧制成形呢？

“好！一定要让它们重见天日，焕发出新的生机！”

从那天起，吴立主开火烧窑，日夜守候，一会儿摸摸窑壁，一会儿听一听里面的动静，不时掐算着入窑的时间……全身心地放在了这批宝贝上。

功夫不负有心人！让他没想到的是，经过一番烧制后，出炉的这批半成品老盏，竟显现出兔毫斑纹！

龙窑复炉，土里的古瓷片“复活”，成了惊艳之品！这个消息在当地百姓中传为佳话。

吴立主回忆当初的心境：如同经历了一次历史的穿越！

然而，能烧成建盏的古瓷片太少了，留存于世的半成品老盏也只有那么几个，也仅作展示而已。那些自己用老瓷片拼接的盏品数量也微乎其微，想留住技艺传承下去，更是遥不可及的事情。

“从现在开始，我要制作新盏，赋予它新内容，在历史长河中留下它们的身影，也让我们的后代了解它们，喜欢它们，建盏的根脉就有了延续。”想到这些，吴立主心情无比激动。

于是，他开始研究建盏烧制工艺。

他走遍了建阳附近的山山岭岭、沟沟洼洼，寻找合适的制坯泥巴和烧釉矿石，只要有红壤、黄壤的地方，他都要挖一些土壤、石块带回来，前后测试了100多种坯的陶土。

有一次，他在后井村和南山村交界的一个山头上发现了矿石釉矿，这真是让他喜出望外的大事！那几年，他和这些土石难舍难分。

经过几百次试验，也经历了几百次的失败，2016年吴立主终于把兔毫“茶末绿”“柿红”“曜变”烧制出来了！每一件都堪称精品，美不胜收！

其中，“曜变”是最高级别的建盏，也是烧盏人梦寐以求的艺术珍宝。吴立主烧制出的“曜变盏”，美轮美奂，璀璨生辉，称得上是珍品。

吴立主说：“过去，我们只能对着图片看收藏在日本的那三只‘曜变天目’，可谓望洋兴叹！虽然人家也说这是几百年前从你们中国

◎曜变盏早期作品

传过来的，但在我们烧盏人心中有一种说不出的味道，因为这门技艺我们早已失传！后来在杭州发现半块宋代的盏片，很遗憾，只有半块！那时，我就暗自发誓，一定要把它烧出来！我不断地试，发现油滴盏和曜变盏的区别在于，‘油滴’是斑点结晶，‘曜变’是外围结晶，并带有彩色光环。有了发现，就有了对比和分析；有了

◎曜变盏

实践，就又有了创意。这样，我烧出了‘曜变盏’。”

说到这里，吴立主无比兴奋：“我之所以爱上建盏，当然是源于它深厚的文化。不管是烧制，抑或是把玩，都深藏着文化。建盏是瓷器中唯一经过把玩又能发生变化的器物。你把玩它、欣赏它，用它喝茶，随着时间的流逝，它会与你产生亲近感，会不断增添光泽，有时还会通过你的手温出现细微的花纹变化，给你一个惊喜！有时它会变得更加圆润，甚至出现七彩闪烁。这就是建盏神奇的地方和吸引人的魅力！”

这种魅力如影同随，时常把吴立主带到一个神秘的境界。

◎曜变盏局部

◎曜变盏局部

月光下，他经常独自一人漫步在宋窑遗址，一待就是几个小时。多少个夜晚，他回梦千年，仿佛看到宋徽宗赵佶品茶斗茶赏盏的情景：荔枝成熟的季节，宋徽宗将茶盏高高举起，仔细端详，只见茶盏口大足小，青黑底色中有细细的形如兔毫的黄褐色线条，茶丝在盏中回环扰动，泛起白色乳花，玄妙浪漫。他把茶盏置于鼻处，顿觉阵阵茶香扑面而来，深深一啜，甘香遠口，余韵不绝。这位对美的要求达到登峰造极程度的皇帝，对茶具的要求也极为苛刻，容不得些许瑕疵。

这个曜变茶盏与茶饼的配合是如此的和谐美妙！品茶、评茶，宋徽宗可是行家，《大观茶论》就是他写的关于茶的专论！儿时的锦衣玉食使他的味觉、嗅觉特别的灵敏、特别的挑剔。他不禁沉思：这茶和往日并没有什么不同，为什么能似这般神奇？他的目光盯在了茶盏上，是的，一定是这个宝盏的奇功！“这盏正是我梦寐以求的盏中之宝”，徽宗喃喃自语，心中充满喜悦，“如此妙境无诗岂不辜负了宝盏”。于是他用瘦金体写下“螺钿珠玑宝盒装，琉璃瓮里建芽香。兔毫连盏烹云液，能解红颜入醉乡”的诗句。

吴立主的思绪在历史长河中穿越。

“我的梦，就是要烧出建盏人的志向。如今，国泰民安，百业俱兴，我们建阳人的中国梦，就寄托在这些精美的盏碗上！”

吴立主对在电窑中烧制出曜变盏并不满足，他要在有生之年，采用古法，在古龙窑中烧制出真正的曜变盏。他说，这才是建盏这一非物质文化遗产的精髓。

他一天到晚仿佛长在了车间和炉窑旁，每天的事就是试验，试验，再试验；烧盏，烧盏，再烧盏。他觉得，烧盏是世界上最神奇、最高贵的事情。他的乐趣全部倾注在这项事业上。

当有人夸他有“匠人精神”时，也只是轻轻一笑。的确，他是个匠人，有着简单而朴素的愿望——把建盏烧好，烧得精致、精美。这个愿望是没有止境的。

他经常与建盏专家徐子明老师和建阳建窑建盏协会发起人之一、第一任副会长兼秘书长魏尚人老师，探讨交流一些建盏理论和烧盏的心得体会，从中汲取众人的智慧。

经过 30 多年的实践和积累，吴立主创造了建盏界的四个第一：

第一个烧制出龙鳞纹；

第一个烧制出网状纹；

第一个烧制出曜变盏；

第一个不修壁坯的人（在工作实践中，吴立主观察发现，宋代建窑中一些工艺好的、精美的作品，拉坯的师傅技艺非常到位，拉出的坯可以一气拉成，盏壁不需要修坯，只要盏底部分稍加修整即可。通过一段时间的艰苦磨练，他拉的坯也不需要修，只修底部即可，这在建阳建盏界也是第一位）。

此外，他还创造了两个最多：

使用最多的窑炉（22 个）烧制建盏；

带出的徒弟最多（总共 32 位）。

吴立主把烧盏技艺传给了两个儿子，现在儿子们也成了烧盏高手，同时大儿子吴继兴也会做修复。小儿子吴继旺不但会烧制建盏，而且是出色的销售运营商。

吴立主这样评价建盏：它的美，是含蓄的，不张扬，能令人反复回味；它的美，是天成的，是土与火相结合的艺术，每只建盏都是窑变的结果，纵有万件，也不会有相同；它的美，是看得见、摸得着的，它的斑纹多变，色彩多样，触摸它，立体感极强。

如今，吴立主经过了无数次的失败，终于将兔毫、油滴、鹧鸪斑、灰被烧制出来，其中的酸甜苦辣，只有他自己知道。当建盏还不被世人所认识，没有艺术市场一席之地的时候，吴立主多次面临着山穷水尽的窘境。那时，他反复问自己：多少行业可以选择，为什么只认准了这一行？

最终，他还是没有为一时的生活窘迫而放弃建盏，继续操持着古盏修复。他在陆陆续续修复宋代建盏的过程中，接触到更多的器型，认识了更多的斑纹，为日后延续建盏的烧制打下了更加牢固的基本功。

在潜心研究建盏的那段岁月里，他看了很多书籍，结识了许多建盏爱好者。他反复琢磨、思考，要传承建窑建盏文化，就必须保

◎曜变平安瓶

护好建窑古窑址，不能破坏古窑址。要把建盏技艺传下去，就必须让更多的人欣赏、使用建盏。

2012 年，他决定开办一家新厂烧制建盏。由于建盏已断代 800 多年，有关建盏烧成技术的文献也无从参考。1979 年至 1981 年，政府有关部门试验烧制建盏的材料也一直未公开，况且那时烧制兔毫斑纹和鹧鸪斑纹还是技术上的空白。但是，吴立主有信心，他相信自己一定能够烧制成功。在多年的建盏实践中，他脑海里已经想好了初步计划。

首先，他买来书籍研读、做笔记，走访、拜会了建盏艺人、研究者，虚心请教。随后，从上海买来设备，对各种泥巴进行测验，对红壤和高岭土做详细配比试验，对矿釉的窑变进行分析研究。那时，烧泥用的都是土办法，坯泥粉碎、淘洗、过滤后，他用布袋装起来，像家里过年做年糕那样反复挤压。烧矿釉前，需用锤子敲釉矿，因为常年近距离接触强烈的震动，吴立主脑袋总是被震得嗡嗡作响，差点患上了脑震荡。即使这样，他都咬牙坚持下来了，兔毫、油滴、鹧鸪斑、铁锈斑、茶末绿、柿红等斑纹盏终于烧制成功。

现代科学技术的发展，建盏也迎来了新的春天。吴立主寻着春天的气息踏上了制作建盏之路。他说，第二台烧制建盏的窑炉是从江西景德镇买回来的。那时，烧制建盏的人不多，烧制建盏的设备也很少，而且窑炉也都是小体量，只有一层，一次只能同时烧四只建盏。后来，他通过不断总结经验教训，研究设计出两层、三层的立窑，随之又开拓发展了卧窑。卧窑一般比较大，根据建盏的大小，窑内可以同时烧制几十只，甚至上百只建盏。他一边烧窑，一边研究，对窑炉不断地改进。这样，用自己设计的窑炉烧制自己的作品，更能抓住气氛，效果更好。

在烧制方法上，吴立主也是不断调整、改进。一开始，烧制传统的兔毫盏，采用还原烧，或者不还原，或弱还原。后来，他发现客户都想买油滴盏、鹧鸪斑盏。他就反反复复地试，最终烧制出银油滴、金油滴、黑底白斑盏、蛇皮纹盏、金丝挂葫芦盏、雪花滴盏等。

由于他烧制出的建盏与众不同，每烧出一窑，就被来自全国各地的客户订走。随着知名度的不断提高，他更加注重工艺的改进和技艺的提升。

他不求制作的盏品数量，而是在保持传统工艺上下功夫。前几年，他停掉了机压，全部改为手工制作。

守住传统是吴立主制盏的根。他制作的建盏器型，全部仿照宋代建盏的器型设计。他把过去在考古工作时留下的老盏修复工艺资料进行对照研究，并运用于建盏制作中，使盏品增添了古韵之味。这正是人们喜爱吴立主作品的主要原因之一。

吴立主说，建盏是茶具，买到一只建盏，端在手上，要好握，要有手感，要有“压手”的感觉，还要方便喝茶，这才是好盏。建

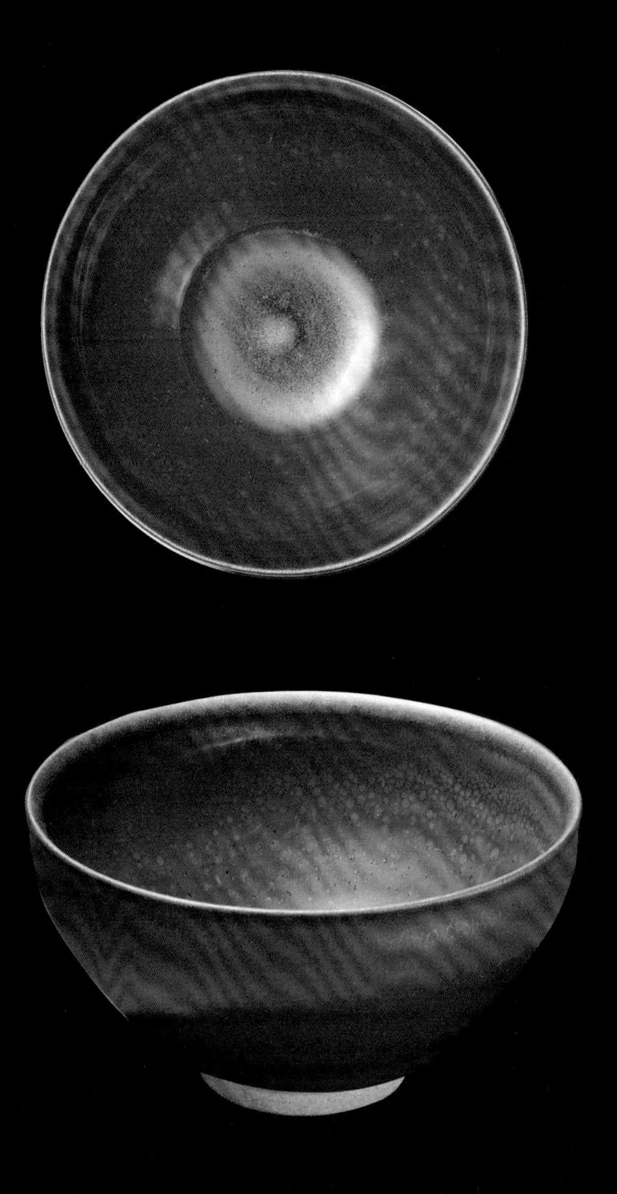

◎ 帝红盏

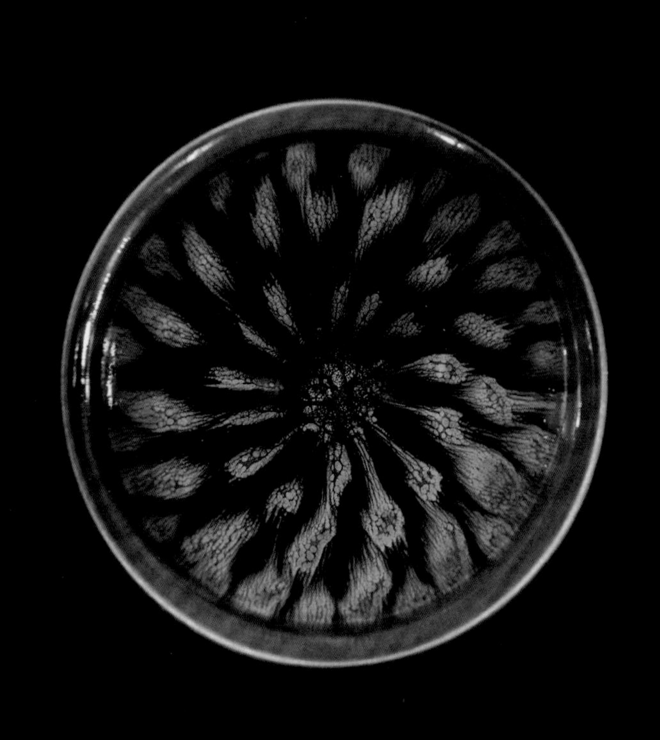

◎西瓜花

盏是“因茶而生”，而他这辈子与建盏结下了不解之缘，他是“因泥而生”。同时，吴立主还提到：建盏在宋代是用于点茶、斗茶的，因此，也很注重这方面的宣传。他在建阳第一个开辟、设立了宋代点茶室，还设置了宋代点茶展演展示。

南平市建阳区建窑建盏协会曾在吴立主的点茶室举办了建阳宋代点茶培训班，还承办过建阳区政府举办的建窑建盏烧制技艺传承人拉坯技艺比赛。近几年来，他经常受邀到外地参展，也多次获奖。在当地，他为弘扬建窑建盏烧制技艺和相关文化，积极承担宣传工作，为每一位到访的收藏者和相关专家学者耐心讲解自己的所识所闻。通过这些交流活动，他不但拓宽了视野，也得到了锻炼，获得了技艺上的成长。

“热爱家乡，热爱事业，是一个人的本分。视建盏为生命，守护传承这项非物质文化遗产是我的天职。”这是吴立主常说的一句话。

愿吴立主在继承与发展的道路上阔步前行！

阙梅娇 1967年1月生

国家级非物质文化遗产代表性项目建窑建盏烧制技艺

南平市建阳区级代表性传承人

高级技师（陶瓷工艺师一级）

福建省民间工艺大师

福建省南平市工艺美术大师

福建省南平市建阳区建窑建盏协会副会长

福建省建阳建窑陶瓷研究所所长

↑阙梅娇工作照

永不褪色黑牡丹

阙梅娇

“盏色贵青黑，玉毫条达者为上……”在《大观茶论》里，宋徽宗这样称赞建盏。

两宋时期，古朴精美的建盏成为贵戚权门竞相追逐、文人雅士吟咏把玩的珍品，甚至成为朝廷贡品，风靡全国，熠熠发光。

建盏历经千年，跌宕起伏，从辉煌到低谷，又浴火重生完成复兴。在建盏技艺传承复兴的道路上，离不开一个又一个的建盏技艺大师孜孜不倦的求索、坚持不懈的探寻、锲而不舍的追求，让闪耀了一个时代的技艺重新焕发生机，凤凰涅槃，走向繁荣。

◎鹧鸪斑油滴盏

阙梅娇就是这些默默为建盏事业奉献的建盏大师之一。这位年过 50 岁的女子，双手有着常年“玩泥巴”而留下的厚厚的老茧。但是她并不在意，总是一派从容地拿起泥巴，轻松地捏出她想要的建盏造型，她眼睛始终盯着手中的泥坯，满心满眼都是建盏的模样。

“为什么选择烧制建盏呢？”

每当有人这样问她，她总是说：“做建盏既是一种必然，也是一种偶然。建盏是我这辈子割舍不了的情缘。”

阙梅娇的出生地在建阳区水吉镇，是中国宋代八大名窑之一建窑遗址所在地。那座恢宏浩大的龙窑一直让她铭记于心，窑址里的建盏碎片也让她心醉不已。但是，由于历史的更迭，熄灭的窑火使建盏的光芒被淹没在历史的长河中，建盏烧制技艺也随之失传。

那时候，做建盏只是她心中的一个梦。

◎鹧鸪斑油滴盏

她父母都是池中瓷厂的工人，“泥呀”“窑呀”“火呀”“电呀”，每天她听到的尽是父母亲谈话时这些带有专业性的词语，脑子里自然装了不少与泥、窑、火、电有关的符号。由于家庭的熏陶，她很小就开始“玩泥巴”了。初中毕业后她顺理成章地成了瓷厂的工人。从此，“玩泥巴”成了她的职业。

要和泥巴打交道，对女性来说要比男性付出更多的精力，洗泥巴、拉坯等工序都是极为耗费体力和耐力的事情。但是，她只要进了车间，苦累就不在话下，和男职工们比着干。师傅们看她在瓷器上颇有天赋，就教她学习瓷器设计制作。这让她喜出望外。不怕苦、不怕累的她，很快就设计制作出一批批瓷器作品。

“当我以为会一直在厂里做瓷器，做我喜爱的工作，过平常的日子，不料却迎来了人生的转折点。”阙梅娇感叹道。

在瓷厂仅仅工作了3年，由于大环境的影响，瓷厂倒闭了，工人们也没有活干了。她和师傅、工友们相继走出工厂，她频频回头看那个曾经憧憬着美好生活的地方，恋恋不舍地离开了曾工作过的车间，与朝夕相伴的师傅、工友们告别。从此，从瓷厂走出的人们各奔东西，踏上了自谋职业之路。

阙梅娇把制作建盏的梦藏在心底，也开始谋求新的生活。

“未来永远是未知数，在我以为从此和泥巴无缘的时候，一个契机又让我重拾梦想。人生的轨迹真是永远没有定数，你永远不知道未来会发生什么。” 阙梅娇说。

失业的几年里，阙梅娇在厦门开了一个小小的服装店，生活过得也算安逸。让她没料到的是，在隔壁店铺换新商家的时候，开的竟然是一家经营黑陶与紫砂的店铺！

看着货架上摆放着的一件件黑陶艺术品，重新激起了她隐藏在心中的陶瓷梦，别人能做出陶瓷，自己一定也能做出来新的产品！

这期间，又传来了建盏技艺被恢复的消息，让她更坚定了重操旧业做陶瓷的斗志。她要经风雨、经岁月的打磨，培育陶瓷业的“黑牡丹”。

阙梅娇是个急性子的人，说干就干！她干脆利落地结束了服装生意，决心回家乡寻找烧陶路径。

但是一切都要重新开始，前路充满荆棘。有人劝她，服装生意又轻松，赚钱也不少，为啥偏要自讨苦吃呢。可是，在阙梅娇看来，赚钱养家是很重要，但是制作陶艺是自己人生的追求。何况，建盏技艺需要有人传承，自己一定要把师傅们传授的技艺保护继承下来。

于是，她不假思索地回到家乡。

她从家里翻箱倒柜找出父母当年烧陶的工具，又走街串巷寻找大件设备。一次次地到附近的村子寻找老窑，研究烧窑技艺……

没有成型的窑，缺少成套的设备，找不到制作传承的师傅……

一串串让她想不到的问题都摆在面前。她考虑自己技艺已经放置多年，许多工艺需要在实践中操作，需要在操作中掌握，需要在实践中成熟。要制作出具有收藏价值的建盏艺术品，不是一蹴而就的事情。要想成为一名专业的技艺大师，仅仅靠着原有的手艺是远远不够的。阙梅娇不断地劝自己，即使是等待多年的梦想，也不能心急，毕竟这是先人们经过多少艰辛创造的珍品，不会是一朝一夕就可以掌握的。

她认为拜师学艺才是当务之急。通过多方打听寻找，1992 年她正式踏上学艺之旅。这一年，阙梅娇到山东龙山黑陶的发源地，潜心学习制作黑陶的流程及配方；1993 年，阙梅娇在景德镇彩瓷班学习 3 个月的彩陶，主攻学习器型制作；1994 年，她又到福建德化，师从德化第二陶瓷厂高级工艺美术师李国章，学习陶艺的人体造型。

几年下来，她几乎花光了积蓄，她用自己的付出，将金钱变成了无形的财富。她求学归来，创建了自己的陶瓷研究所，首次将黑陶艺术引入闽北，开启闽北也能生产黑陶的先河。

这时的阙梅娇已经在黑陶上闯出了名堂，她制作的作品经常被商家选为上品，高价收买。但是，当对方要求大量订货时，她却不为利益诱惑，没有迎合商家搞批量生产。因为，在她心中始终装着的是建阳的建盏。

从 1997 年开始，她一边经营黑陶产业，一边利用大量的时间研究建盏烧制技艺。

在研究建盏技艺之初，她不曾想到，作为两宋时期珍宝的建盏，经过千百年的物换星移，如今是明珠蒙尘，鲜为人知。

1997 年，一个建盏仅卖 5 元钱，这是连本钱都不够的啊！那时，她制作了一批器型、釉色比较好的建盏，但销路却成了大问题。烧制建盏不仅不赚钱，甚至要亏钱，这令刚鼓起勇气做建盏的阙梅娇再次遇到挫折。

“放着好好的买卖不做，非要自讨苦吃。”家人也不理解。怎么办，是坚持还是放弃？多少个日日夜夜，坚持与放弃在她脑海里闪现……

但是，钟爱建盏的她，还是坚定了做建盏的念头。因为她明白，追逐梦想的路途不会一帆风顺，有荆棘、有风雨、有苦楚，不轻言

◎黑牡丹将军杯

◎黑牡丹将军杯局部

放弃，就会离梦想近一点，坚持不懈是实现梦想的唯一途径。

要想提高建盏的知名度，必须努力钻研烧制技艺，提升工艺水平，才能烧出高质量的精品建盏。

那个时候，她在烧制建盏这个行当里还是新手。为了提高自己的技艺水平，她开始没日没夜地实验，吃在厂里、住在厂里，孜孜不倦地研究建盏的釉水配比、烧窑温度、器型和斑纹，希望能烧制出一流的建盏作品。

“建盏的独特之处在于入窑一色，出窑万彩。”阙梅娇感慨道。

建盏在宋代之所以被人们所追逐、喜爱，正是因为它的多变，它的唯一性和不可复制性。它能使每一个建盏的拥有者都体验到“旷世孤品”的快乐。这也是建盏艺术家们对名窑、名匠、名品的追求。

建盏的珍贵，还在于其高难度的烧制工艺。建盏是“土与火”的艺术，窑口温度高了可能导致变形，温度不到则有可能导致无法析晶，特别是因为摆放位置不同，受温度影响，烧制时极有可能发生起泡变形或脱釉、粘底等问题，从而导致烧制失败。可以说，每一件优秀的建盏都是在大量地丢弃瑕疵品的基础上产生的。

由于建盏烧制难度大，所以建盏师傅们常说：“一炉生，一炉死，一炉生不如死。” 即使是经验丰富的建盏大师，也有可能很久烧不出一只无瑕疵、器型斑纹精美的建盏。

阙梅娇完全没有被建盏烧制的困难所打倒，遇难则强，面对越难攀爬的壁垒，她斗志更坚。

为了能够进一步了解宋代建盏，她拿着老建盏的碎片做对比研究，仔细观察老建盏的花纹，经过不断烧制，努力还原出宋代建盏。不仅如此，她还经常查阅有关建盏的历史资料，向建盏老师傅求教，从各方面不断加深对建盏的认识与理解。

烧制建盏是一个细致活，也是一个体力活，要想把控建盏的成品率，每一个环节、每一个工序，她都认真琢磨，亲自上阵。

选矿、粉碎、淘洗、配料、陈腐、练泥、揉泥、拉坯、修坯、素烧、上釉、装窑、焙烧等每一个工序，她都不放过，做到精益求精。

“要想烧出精美的建盏，每个细节都不能放过，任何一个小问题都可能影响建盏的成品效果。”阙梅娇对同行们总是这样说。

功夫不负有心人，她的汗水没有白费，她的坚守铸就了辉煌，她烧制出来的建盏品质越来越高，名气越来越大，她的匠心成就了她的建盏之路。

经过岁月沉淀，阙梅娇的技艺越来越精湛。她为自己烧制的建盏起了个有趣的名字——黑牡丹。古朴、瑰丽的花纹，就如她的人生一样绚烂多彩。

如今，在建盏行业摸爬滚打多年的阙梅娇收获满满，自己的建盏事业也逐步发展壮大。2011 年，她创立的福建省建阳建窑陶瓷研究所被确定为建阳文化产业示范基地；2014 年，她的建盏作品分别获得中国工艺美术“百花奖”金奖、第九届中国（莆田）海峡工艺品博览会金奖； 2014 年 3 月，她的“建盏油滴银斑大盏”等 2 件作品被南平市博物馆收藏；2014 年 10 月，“仿建窑油滴黑釉碗”等 3 件作品被厦门市博物馆收藏。2015 年 7 月，她被评为国家级非物质文化遗产代表性项目建窑建盏烧制技艺南平市建阳区级代表性传

◎黑牡丹

承人，12 月荣获“福建省民间工艺大师”称号。

即使她的建盏技艺已被多方面认可，但是她仍然没有停止前进的步伐，每天仍旧泡在窑上，致力烧制出更好的作品，不断超越自我。

当我们走进水东工业园区一隅的福建省建阳建窑陶瓷研究所，映入眼帘的是阙梅娇正和一名年轻的女子全神贯注地做着拉坯。素手纤纤，干净利落，软糯的泥巴在她们的手中好似有了生命，随着拉坯机的转动，一个个造型质朴的建盏泥坯逐渐成型……

这名年轻的女子，正是阙梅娇的女儿肖艳。

◎阙梅娇在检查产品质量

“现在，在建盏的路上，我一点都不孤单，有女儿陪着我。”阙梅娇笑着说。80后的肖艳不仅是阙梅娇的好帮手，也成长为独当一面的建盏师傅。

“怎么想到让你女儿学建盏呢，毕竟做这个很辛苦啊。”

“做建盏要靠缘分，我并没有帮她的人生做选择。”阙梅娇说。

原来，肖艳是从小受母亲的影响。八九岁时，她就和母亲一起“玩泥巴”，耳濡目染，建盏艺术早已进入她们的心里，烧制建盏的过程更是了然于心。她对建盏的感情越来越浓，举手投足、言谈话语间都彰显出建盏制作方面的天分。

随着建盏产业的快速发展，单纯的线下销售已经不能满足市场的需求，网络销售逐渐成为建盏销售的重要渠道，传统的发展模式已经跟不上时代的步伐。

阙梅娇为了让自己的盏品能在激烈的市场竞争中占有一席之地，懂网络、头脑灵活，颇有品牌意识的女儿肖艳无疑成为母亲打通网络销售渠道的主力。肖艳没有辜负母亲的期望，聪明的她很快就成功打开了网络销售的市场。2013 年，肖艳帮助母亲申请到“御兔牌”商标，并在作品打上“阙”字款，成为保持产品独特性的专有品牌。

在销售建盏之余，肖艳也和母亲一样爱上了建盏艺术，投入建盏技艺的系统学习中。经过母亲手把手的教授，经过一炉又一炉的烧制实践，她成为建盏行业里一颗冉冉升起的新星。肖艳的作品“银斑油滴盏——宇宙星空”获得2015年中国工艺美术“百花奖”优秀奖，并被南平市博物馆收藏。

建盏技艺血脉相传。阙梅娇和女儿肖艳在建盏路上母女相伴，盏心相依。

谢松青 1978年5月生

国家级非物质文化遗产代表性项目建窑建盏烧制技艺

南平市级代表性传承人

高级技师（陶瓷工艺师一级）

福建省陶瓷艺术大师

福建省工艺美术名人

福建省陶瓷行业协会常务理事兼副秘书长

福建省非物质文化遗产学会副会长

福建省南平市建阳区建窑建盏协会副会长

福建省泉州市工艺美术职业学院客座教授

↑谢松青工作照

师古守本有创新

谢松青

建窑是我国著名的古窑之一，以烧黑釉瓷闻名于世，也是历代黑瓷代表性的窑口，现有大量遗址位于南平市建阳区水吉镇后井村一带。建盏造型敦实，胎体浑厚，其独特釉色变幻莫测，巧夺天工，一度进贡宫廷并流传日本等国家和地区，享誉海内外。苏东坡、范仲淹、黄庭坚等宋代名人都曾留下了赞誉建盏的精美诗文。

宋代“八大名窑”之一的建窑坐落在水吉镇后井村，这座建窑是宋代福建烧造黑釉茶盏的著名窑场。窑场总面积 12 万平方米。经考古发现，五代到宋末元初的龙窑基址长达 135.6 米，一窑的装烧量高达 10 万件，为国内最长的龙窑，堪称世界之最。1978 年 5 月出生的谢松青，从小就记得在村子边有这样一个让孩子们捉迷藏的地方。

正因得天独厚的环境，谢松青从小就接触建窑建盏，耳闻目睹使他从小就喜欢上了建窑建盏和陶瓷工艺制作。他说："从小在山上、田里、路边，都会看到大量散发着晶莹光彩的黑碗残片。家中盛茶、装食物的盏很多都是用建盏。所以，对家乡的建窑、建盏有特殊的感情。"年龄稍长，那些曾在田间地头所能见到的建盏瓷片，对谢松青来说，已不仅仅是熟悉的"日常"，更是一种需要深入了解的"乡愁文化"。伴随遗址考古发掘带来的影响，他对建盏也有了更多认知，1995 年谢松青就开始收藏建盏，这使他成为当地知名的建盏收藏和鉴赏家。

谢松青对建盏情有独钟，几近痴迷。他坦诚地说："收藏初心是为那些充满魅力的建盏斑纹所吸引，也是为了保护这些珍贵的宋代建盏不外流。我家乡的建盏被日本定为国宝，被称为'无上神品'，足见建窑烧制出的建盏工艺高超，美妙绝伦。先前，我曾看到杭州一位收藏界的朋友藏有一件可与静嘉堂曜变盏媲美的曜变盏。变幻莫测的斑纹动人心弦，只可惜是件残碗。为什么建窑出产的完整盏器大都流传国外了呢？因此我很失落。"也就是这个原因，20 多年来，他耗费大量精力和钱财，不遗余力地收藏建盏。目前，他收藏的建盏琳琅满目，数量惊人且种类齐全。

◎油滴大撇口盏

谢松青因热爱家乡的建盏而收藏，又因收藏痴迷于烧制建盏。他认为：宋代建盏断烧800余年，致使存世数量有限。要传承、恢复、弘扬建盏文化，光靠收藏还不够，必须尽己所能，烧制出一批能与宋代建盏媲美的仿古建盏。

2000年，谢松青将此心愿付诸行动。因谢松青的父辈以务农为生，没有家传，自己对选矿、拉坯、上釉、烧炉等工序都很生疏。但是他凭着一股勇往直前的劲头，逐一攻克难关。他多次前往不同窑口拜师求艺，1979年在建盏研究恢复小组担任龙窑烧制的唐兴忠、第一批建盏仿古匠人卢国华、江西景德镇陶瓷材料研究师杨建华等，都是他敬重的师傅。在师傅们的指导下，他刻苦钻研建盏烧制的繁复工序，并不断实践探索，摸索出了多种制釉配方。多年来，不论酷热难耐，还是寒风刺骨，谢松青一刻都不敢懈怠。仅两年工夫，揉泥、拉坯、修坯、上釉、控温等近十几道工序，他都能领悟、操作，慢慢地，建盏烧制技艺得心应手。

2005 年，为推广建盏文化，他在当时建阳最早的古玩街——建阳大潭古街开了一间名为“大宋御琖”的店铺，主要经营各式各样的建窑建盏器物。走进店铺，琳琅满目的建盏，眼花缭乱，应接不暇，陈列的盏器基本涵盖了不同大小的形状样式和釉斑种类。在收藏上，他绝对是个有心人。收藏的宋代与建窑有关的建窑茶器，如茶钵、茶盏、茶漏、茶托、茶臼、茶杵、茶碾等“斗茶”器具，应有尽有，样样俱全，为研究宋代茶文化提供了颇具价值的实物史料。在他收藏的建盏中，最具价值的是盏底铭有“供御”“进盏”字样的建盏。这类不同口径的建盏有 20 余件，其中，口径为 21 厘米的兔毫盏，是目前国内收藏界已知的口径最大的，且铭有“供御”款的宋代建盏。

经过多年的历练，谢松青练就出了火眼金睛。如今，面对种种以假乱真、老胎新釉、新盏造旧等赝品，几乎难逃他的法眼。为此，他还总结出一套建盏辨伪的经验，无私地传授给业内朋友。谈起收藏的感受，谢松青说：“我最大的愿望就是希望在建窑所在地建一座建盏博物馆，将收藏、收集到的所有建窑建盏器具，分门别类地保

◎鹧鸪斑银油滴束口盏

存起来，进行宣传展示，供人们学习、交流、鉴赏。”

2006 年，以建阳市“大宋御琖”陶瓷研究中心为基础，他创了建盏制作工作室。2015 年，成立了南平市建阳区春盏建窑陶瓷开发有限公司，占地面积约 1100 平方米。在建设时，他特意将生产区与产品展示厅相连，一方面便于建盏爱好者参观建盏制作过程，增强体验感；另一方面便于与建盏制作者进行交流，形成互动。很快他的公司成为建阳建盏行业著名企业之一，并被建阳区政府评为文化产业示范基地。

为提高烧制建盏的理论水平，谢松青参加了福建省文化厅主办的“中国非物质文化遗产‘建窑建盏’传承人研修班”及陶瓷研修研习班。他在烧制油滴盏、兔毫盏作品上下功夫，精心研究传统工艺，反复实践，最终烧制成功。

谢松青说：“后来，我们开办了产、学、研相结合的实训基地，弥补了建盏产品开发上的创新不足和传统手工技艺传承上的短板。”产、学、研一体化发展模式不仅推进了春盏建窑陶瓷开发有限公司跨越式发展，而且使这一民族文化瑰宝得到了传承和发扬。谢松青在探索、深化产、学、研一体化发展模式上下足了功夫，他更加注重发挥教育的力量培养传承人。2016 年，在他的带领下，春盏建窑陶瓷开发有限公司与建阳区二轻局、泉州工艺美术职业学院及陶瓷专业院校进行全面深入的合作，开办“二元制”大专班，招收高中、中专毕业生，进行建盏技艺培训、研修，通过现有的职业教育平台不断培育后继人才，为建盏行业注入新鲜血液，延续对古人精湛技艺的当代传承。2017 年 4 月，公司被泉州工艺美术职业学院正式授牌为“泉州工艺美术职业学院实训基地”。泉州工艺美术职业学院院长吴志伟对其推行的产、学、研一体化发展模式十分赞同，他说：“实训基地结合自身实际在建盏产业发展方面站位高、定位准，很契合建阳建盏产业的发展实际，学院愿意为建阳在建盏产业发展方面提供全面技术支撑，将发挥自身科技研发优势，拓展产业链，助推建阳建盏产业快速发展，真正让春盏建窑陶瓷开发有限公司成为融科学研发、人才培训、集群生产为一体的高标准陶瓷产业实训基地。”

实训基地的成立产生了辐射效应，它带动周边农民学习技艺。目前，来自周边和其他各地的学员已达 160 多人。在谢松青的带领下，这些渴望掌握烧制建盏技艺的匠人，在技术上得到突破，制作的盏品艺术质量明显提升，使他们的收入增加了 15 倍以上，在建盏行业中闯出自己的一片天地。此外，还有多名学员获得中高级工艺师称号，并有作品在全国工艺品展销会上摘金夺银。其中范大飞、廖坤等学员在 2017 年 7 月由福建省文化厅、福建省非物质文化遗产保护中心等部门承办的“中国建窑建盏精品展”上，获南平市建窑建盏“十佳新秀”称号。在谢松青眼里，学员们收获的成功是他继续传播和传承建盏的重要动力。

自成立至今，谢松青“春盏”企业不断得到各界的赞誉。2015 年被南平市评为“谢松青陶瓷工艺美术大师示范工作室”；2018 年被评为建阳文化产业示范基地；2019 年被建阳区政府评选为优秀企业，同年成为中国地理标志保护产品企业。

从建盏收藏家变为烧制建盏传承人，一直是谢松青的理想，也是他为之奋斗的目标。他一往情深地探索与追求，在保护传承建盏的道路上越走越宽。他的作品不但深受国内建盏爱好者的青睐，而且被南非、日本等国家的工艺爱好者所追捧。

◎鹧鸪斑银油滴束口盏

建盏烧制技艺是一种古老的手工技艺。烧制过程中，所需的松木根的油脂含量直接影响烧制还原。炉内高温烧制要达1300℃以上，中间任何环节出现错误，这一炉就会全部报废，而松木根的油性和稳定性对建盏烧制斑纹、色彩影响最大。为完善建窑建盏烧制技艺的稳定性，谢松青开始专注研发与松木根作用相似的还原材料替代品。经过大约一年的摸索实践，他终于攻克难关，于2017年底成功研制出替代松木根的还原材料——建盏还原焰，这一材料大大提高了建盏烧制还原效果的稳定性，而且环保节能。目前，谢松青已经把建盏还原焰推广到市场，让更多的建盏烧制匠人也可以使用它，不但有助于降低成本，而且有助于在烧制中掌握还原气氛，提高成品率，得到建盏匠人们一致认可。2018年5月，谢松青与廖坤通过了对这一技术的专利申请。2020年4月，“建盏还原棒及其制备方法、建盏烧制方法”也成功获得了专利号。

建盏沉寂了几百年，不像青花瓷、紫砂壶那样有较高的认知度，从历史的层面来说，只有了解到建盏的过去，才会认识它的现在，并着眼于未来。建盏兴盛于两宋，与其他陶瓷相比，它有不一样的美。它的美，不在于形体的轻巧，精巧的纹饰，它的美，在于大气、朴拙和深沉，是一种在不经意中，体现出的巧夺天工的自然之美。它的美，不是表面，而是深处，如在宇宙中遨游，以及那璀璨若星的釉色油滴鹧鸪斑和兔毫等经典釉色斑纹。由于宋亡元兴，饮茶风俗改变，加上战乱频繁，一代名瓷遂从兴盛走向衰亡。经过明朝以来600余年的沉寂，建盏的制作工艺几乎失传殆尽，加上其制作技法未被文献记载流传下来，所有的工艺只靠历代的工匠口口相传，从家族传承来说，又隐秘不示于外人，想要恢复建盏烧制技艺，其难度真是很大。

建盏的烧制是十分复杂的过程，也是人们常说的只可遇见，不可预见。就算同样的釉料，放在不同的窑炉，置于不同的窑位，不同的季节，不同的天气，烧出盏的斑纹和釉色全然不同。因此，建盏艺术就是在追求不变中的变，是在窑火中捕捉出的影像，是在窑中作画，追寻神变，更不是可以重复制造的东西。它的烧成受到许多因素的制约，如土的成分、火的把控等，属于真正、纯粹的陶瓷艺术。古今中外，优秀的建盏作品非常稀少。

多少次，谢松青半夜蹲在电窑边，看着满地的瑕疵建盏陷入沉思。宁静的夜晚使他的心慢慢地静下来，他感到冥冥之中有一种力量驱使自己去钻研建盏技艺，心中暗想，一定要得到老一辈传承人的指导。于是，他马不停蹄地到景德镇、龙泉、德化等地，向有名气的烧窑师傅学习烧窑技术。师傅们都鼓励他："虽然要恢复建盏烧制技艺的困难很大，但你有非凡的决心，有坚定的信念，如果烧成功了，就能将建阳的建盏文化发扬光大，为中国陶瓷增添色彩。"正是因为建窑材料的独特性，工艺的专业性，釉色的艺术性，才使得建窑建盏在中国陶瓷艺术中独领风骚上千年。

在电窑烧制试验的摸索中，谢松青力求做到保持建盏作品延续宋代古朴的风格和典雅的造型，他制作的金银兔毫、油滴建盏造型

◎春盏薄坯雅器

古朴多姿，端庄典雅。据说，油滴建盏中最具代表性的造型是束口盏，它的特征是口沿曲折，外缘向内收缩，约束成一圈浅显的凹槽，内壁则相应形成一周凸圈，这种凹凸线角，虚实空间构成的合理，腹与足比例协调。正是一收一展的微妙处理，赋予了束口盏舒展、秀美、典雅的风韵。他在烧制时，十分注意控温和釉水的配比，

◎黄鹧鸪福禄盏

烧制不同器型的仿宋建盏，成功率达 40% 左右。他仿制的油滴盏和兔毫盏与古代宋盏相比，达到形似、质似、神似。目前，他还新创作出建盏标准盏（宋代标准点茶束口盏的器型）、茶盏、茶具系列等产品。

在熟练掌握电窑烧制建盏的技艺后，谢松青开始专心攻克龙窑柴烧建盏的技术难关，希望能够在最大程度上恢复宋代龙窑烧制技艺，实现心中的“龙窑梦”。因此，能够拥有一座传统的龙窑来烧制建盏，是他从来没有放弃过的梦想。只要见到有关瓷器制作的书籍和史料，他都要买回家，孜孜不倦，磨炼砥砺，不断研究和揣摩建盏烧制技术。他说："离开制盏，魂都散了。"然而，龙窑烧制的难度远大于电窑烧制，这是他始料不及的。

一次，谢松青在朋友家里见到了一个日本柴烧仿制的天目盏。他想，我们自己家乡的宝藏都被日本人挖掘出了，为什么我们不可以自己做呢？据 16 世纪出版的日本文献《君台观左右帐记》（别名《御饰记》）记载："曜变斑建盏，乃无上神品，值万匹绢；油滴斑建盏，是第二重宝，值五千匹绢；兔毫盏，值三千匹绢。"大致进行换算，这 3 种釉色的建盏分别相当于当时价值 700 多千克、360 多千克和 210 多千克的黄金，可见建盏当时在日本的珍贵程度。在日本战国时期，有一盏平息了一场战争的传说，可以说"一盏一城"是毫不夸张的。被日本人奉为国宝的曜变盏是宋代建窑烧制的作品，也就是谢松青家乡的老龙窑烧制的神盏。为了让梦想复活，他埋头踏上了传统龙窑柴烧建盏之路。

朋友对谢松青说："你傻呀！这是一条几乎无法挣钱的路！与泥为伴，泥泞不堪；与火为伍，焦头烂额。你还是找条能挣钱的好路走，你原来搞古玩店，用现代电烧技术做建盏，不是很好吗？千万别去折腾什么传统龙窑柴烧了！"

可是，这些劝阻没有让谢松青望而却步。2016 年初，他毅然放下了厂里的电窑烧制，开启了龙窑圆梦之旅。他说服亲人和身边的师傅、朋友，在建瓯东峰租建了一个旧龙窑。然而，现实的当头棒喝，熄灭了他满怀的希望。原来，租建的窑是用来烧制酒缸的，虽然温度可以达到 1300℃，但是窑身太大，温度不稳定，并且没办法形成还原气氛。他坚持尝试着烧了几窑，甚至还试着把建盏放在两个酒缸的中间缝隙里烧制，就算用遍了所有办法反复试验，还是没能成功。即使失败，也要心如铁石，一往无前。在人们眼里，谢松青就是这样一个带着“轴”劲儿的人。他认为，烧盏，带给他的是生命之火。亲人朋友们看到他屡败屡试、屡试屡败，给出了一个字的评价——“傻”。他不在乎，傻就傻吧。

“山重水复疑无路，柳暗花明又一村。”隐于山间的谢松青挨过一个个不眠之夜。2018 年 11 月，他来到闽清义窑（义窑，窑身较小，是宋元青白瓷窑，其白瓷主要是以出口为主。中华人民共和国成立初期曾被用于烧制电瓷）和烧窑师傅学习、交流、沟通。闲时，他拉坯，做盏，与师傅一起研究龙窑柴烧建盏技艺。其间，他也不忘推广宋代建盏与点茶文化。2019 年 5 月，他与“瓷天下海丝精灵谷”旅游项目合作，以宋代点茶技艺表演为依托，宣传弘扬建盏与点茶文化，得到了好评。

通过在闽清的学习交流，谢松青积累了龙窑柴烧经验。他发现，闽清烧制建盏的原材料只能用宋代窑址的土，如果从后井村运原材料，成本太高了。他带着在闽清学到的独特的龙窑烧制技艺回到建阳。2019 年底，谢松青的“春盏”企业与“盏上千年”企业开展了

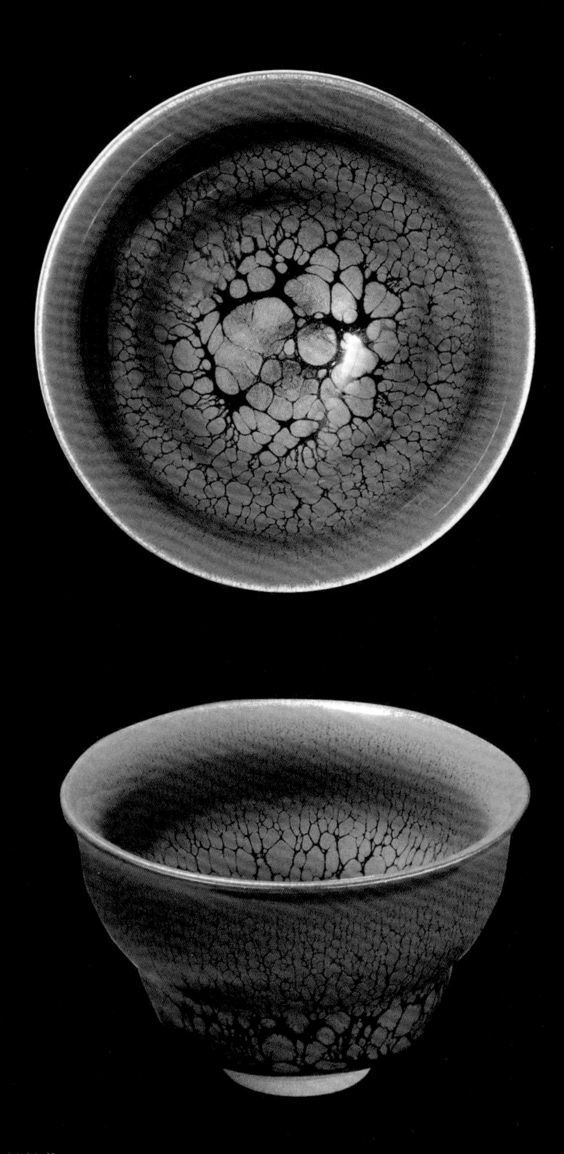

◎鹧鸪斑福禄盏

合作，在建阳塔下工业区修建了一条长 30 多米的龙窑。从选瓷矿、瓷矿粉碎、淘洗、配料、陈腐、练泥、揉泥、拉坯、修坯，到素烧、上釉、装窑、焙烧这 13 道工序，道道都要经过谢松青之手。自从那第一炉烧起后，他历经千百次的装窑、点火、熄火、出窑……每一次犹如凤凰涅槃，浴火重生。

功夫不负有心人，谢松青终于成功地烧制出与宋代建窑相媲美的建盏。人们说："他烧造出的是一个个国宝！"而他以为，只有经历了过程，才能体会到成功时的喜悦。目前，谢松青的龙窑已受到人们关注和市场的认可，在业界他也得到了专业人士的一致肯定，成果与荣誉纷纷涌来：国家级非物质文化遗产代表性项目建窑建盏烧制技艺南平市级代表性传承人、福建省陶瓷艺术大师、泉州工艺美术职业学院客座教授、陶瓷工艺高级技师……他用自己的智慧与辛劳，受到人们的尊敬。他还在南平市建阳区建窑建盏协会鉴定咨询委员会担任建盏鉴定师，获得建窑建盏"十佳工匠"、华夏工匠、建窑建盏工艺名师等称号，对他来说真是当之无愧。他的作品曾先后获得福建省工艺美术"百花奖"金奖，福建省第三届陶瓷行业协会主办的"闽艺杯"陶瓷艺术创意设计评比金奖，福建工艺美术作品展金奖，中国陶瓷艺术大展银奖，2016 中国景德镇国际陶瓷博览会"中国十大名窑"金奖，首届上海虹桥古玩城展示会"传承奖金奖"，第十四届全国工艺品、旅游品、礼品博览会金奖，海峡论坛·首届建窑建盏文化博览会银奖……在他看来，每一个奖项都是一个新的起点；自从肩负起福建省非物质文化遗产学会副会长、南平市建阳区建窑建盏协会副会长这两项职责的那一刻起，他就把传承祖国文化遗产作为人生的责任与使命，重任在肩，勇往直前……

叶智慧 1978年7月生

国家级非物质文化遗产代表性项目建窑建盏烧制技艺

南平市建阳区级代表性传承人

高级技师（陶瓷工艺师一级）

福建省工艺美术名人

福建省南平市特级工艺美术师

↑叶智慧在拉坯

初心不改志传承

叶智慧

他有一个响亮的名字——叶智慧。

他也有制作建盏的一门好手艺。

1978 年，叶智慧出生在一个远近闻名的陶瓷世家。建阳是他的祖籍，建盏是他立志追求的事业。确立这个志向，还要从他曾祖父说起。

清朝末年，曾祖父一家以陶瓷为生。那时候社会动荡，民不聊生，陶瓷人更是没有社会地位，曾祖父只能凭借会制瓷的双手，赚一点辛苦钱来养家糊口。但是，曾祖父烧制的陶瓷很受人们喜爱，不但选材好、做工细，而且上手的感觉宜人，人们都觉得叶家的日用瓷实用、持重，这也是当时人们追求的风格。

叶智慧的祖父叶希雄，从小跟着父亲学做陶瓷，由于叶家制作的盘碗、杯壶瓶罐，品相好，价格合理，有钱人家宴请贵客时，都会到叶家订上几套。普通人家也会挑一些微量失圆、品相一般的陶瓷日常家用或租碗办喜事。在当地，几乎每户人家都有叶家烧制的陶瓷。后来，叶希雄成了叶家制作陶瓷的顶梁柱，他继承了父亲的事业，父亲的教诲谙熟于心。叶家的陶瓷远近闻名，获有良好的口碑，实力日渐雄厚。

20 世纪初，叶希雄创办了建阳水吉半岭瓷厂。叶家从一个小小的制陶瓷作坊，发展成为一个小有规模的工厂。这个小小的工厂为水吉带来了生机，当地许多有制作陶瓷手艺的人都成了这个厂的匠人，他们有了靠本事吃饭的地方，也体现着劳动换来温饱的实际意义。那个年代，每当附近的人提起水吉半岭瓷厂，说自己有家人在半岭瓷厂工作，都会倍感荣耀。

叶希雄把家传的手艺充分展现在生产的各个环节。瓷厂原本只生产民间使用的日用瓷，他经过对瓶和壶的细致观察，对土窑附近出土的陶片进行了充分的研究分析，决定改进工艺，提升产品质量。他认为，在满足市场对生活用品需求的同时，也要向艺术品的方向发展。于是，他组织了几个手艺比较好的匠人一起进行瓶和壶的研

◎新制兔毫盏与宋代兔毫盏残片盏纹对比

发工作。要知道，当时的生产工艺十分落后，要想搞创新可是件十分困难的事情！

按照制作陶瓷“传男不传女”的传承传统，叶希雄看儿子叶礼忠渐渐长大，对陶瓷制作也很有兴趣，便传授给儿子一些技艺要领，慢慢教他烧制陶瓷。

中华人民共和国成立后，叶希雄开始考虑儿子的前途发展。那时，正值国家百业待兴，大力推进社会主义建设，发展生产的时期。在这种情况下，以家庭为主的作坊式生产属于小打小闹，这是不行的，只有把它们组织起来，联合各方面的力量才能让事业发展壮大。

于是，叶家积极响应国家号召，将祖父打拼一世留下的水吉半岭瓷厂全部交给国家，原有的设备成了建设新陶瓷厂的基础，国家又在极为困难的情况下，为工厂提供了不少设备。叶希雄、叶礼忠父子参加了新厂的筹建工作，选拔专业人员，进行技术培训，选择新窑址，设计新龙窑……工厂生产气氛轰轰烈烈，匠人们的干劲儿十足，建阳陶瓷事业也随着祖国建设事业一起蒸蒸日上，有的产品远销海外。根据地缘经济发展的要求，政府将原来的建阳水吉半岭瓷厂更名为“建阳瓷厂”，属于国有性质。叶希雄、叶礼忠父子担任该厂的总技术员。

虽然工厂归国家所有，但是事业还在，甚至比中华人民共和国成立前更加红火，叶家人都为之庆幸。在建阳一带，有许多人在这个瓷厂工作，也有许多建盏大师从这里走出。诚然，大师们的成就与超人的天赋和刻苦的学习分不开，但这座工厂是大师们的第一所学校，很多大师就是从这里开始成长的！

叶氏第四代传人叶智慧生在了一个好时代。改革开放为祖国的陶瓷事业铺设了一条金光大道。他对陶瓷也有如父亲一样的热情，玩弄泥巴是他儿时的游戏，经常能随着在瓷厂里工作的父母到瓷厂里玩，是他最快乐的事情。那时工厂要求不那么严格，大人们做事情他就在一旁专心致志地玩泥巴。等哥哥放学后，他的精神头儿更大了。小哥儿俩回到家，大大小小的、各式各样的彩色泥巴是最好的玩具，为他们提供了想象的空间。小动物、小物件、小玩具……

都是他们的创作原型。叶家院子成了泥制“作品”的“兄弟工厂”。

叶智慧小时候玩泥，可以玩到天翻地覆，院子里到处是他甩出的泥巴印记，家里白色墙壁上记录着他用泥巴翻滚过后的惨烈，窗台和小桌子上摆放着他捏出的怪模怪样的泥碗、泥杯……他自己认为已俨然成了制陶“大师”。但父亲是无论如何不让他碰建盏的，因为建盏是一项神圣的事业，不得有半点儿不敬与马虎。在他幼小的心灵里，五彩斑斓的建盏世界是那样的遥不可及。每当他提起自己想做建盏的事儿时，父亲只是淡淡地说：“先做好功课，文化是建盏的根基，别看只是那么小小的一个建盏，它可是生长在中国传统文化园中的传世大树！”

这些话深深地印刻在叶智慧的心中，按照父亲的教诲，默默地努力学习。他至今都不曾忘记，1993年夏天，快要初中毕业的一个周末，他回到家中，看到父亲正在揉泥巴、拉坯。他被这景象吸引了，目不转睛地盯着父亲的双手，看着坯料飞转，不断变幻着姿态……他感到无比的神奇。父亲刚去喝口水的工夫，他就像模像样地坐在工位上偷偷地拉起坯来。看着容易，实际拉起来却离题万里，明明心里想好了器型，但拉出的是奇奇怪怪的东西，圆的成了扁的，盘子成了塌陷下去的破帽子……父亲看了他的作品，笑他还没学会玩泥巴；母亲看了他的作品，让他快去做作业，别瞎耽误时间；哥哥看了他的作品，只是苦笑了一下，便亲自下手重新拉起坯来，不一

◎撇口窑变兔毫盏（又名野兔毫盏）

会儿就摆弄出几个正宗的坯型。这对叶智慧带来了不小激励，他下定决心，在保证学好学校知识的同时，一定要再学会陶瓷工艺，打好基本功。作为叶家人，必须守住叶家制作陶瓷的传统。

每到周末，他一头扎进家里小小的制作室，练习拉坯。连续几个周末，废寝忘食，他终于拉出了小花瓶、小碗等物件，开心极了。父亲看到他如此执着和认真，对他这种专注劲儿也给予了称赞。

1994 年夏天，叶智慧初中毕业了。他回到家里的第一件事儿就是去制作室，看看父亲又制作了什么新作品。尽管眼前的这些泥巴还是半成品，但是它们同样汇聚着父辈们辛勤的汗水与生活的智慧！

一天早上，父亲把他叫到跟前说："我看你是真心想学制作建陶器皿，如果想干这一行，可要准备吃大苦才行啊！"

“不怕，我喜欢这一行，我下得了决心，能吃得了这一行的苦！”叶智慧坚定地回答道。

父亲是个办事儿爽快的人，当天就举行了拜师仪式，正式接受叶智慧为徒弟。

叶智慧摩拳擦掌，时刻等着父亲喊他进制作室学艺。可是父亲并不着急，理好手头的工作后，郑重地对他说：“今天我们上山挖矿石，釉石是制作建盏最基础的材料，釉石选不好，烧不出好建盏。”

他扛着山锄和铲子，随着父亲上山了。

这是雨后的第三天，空气清新，山路不湿不滑。父亲边走边对他讲：“上山采石，要选择在下雨后的第三天。因为这个时候的山土好挖，路也不滑，泥也不会黏锄头。更重要的是，矿石表面带水分，肉眼容易分出釉石的颜色，回去后也更容易把釉石表面的土洗干净……”说话间，他们来到山坡前，父亲看准了一个低洼的斜坡处，说：“来，你从这里挖下去看看。”他看到，眼前的土质似乎与其他地方没有什么区别，但当他挥着山锄在土上刨了几下后，土里就露出了紫红色的碎石。父亲蹲下身，抓起一把碎石说：“这样紫红色的石头最容易烧出釉色漂亮的建盏。”父亲把他带到另一处山洼，土的颜色有些发黑。只见山锄在父亲手中起起落落，不一会儿，它就连带着淡紫色釉石和泥土把附近的草丛压得趴伏下来。父亲捡拾起几块呈明显紫色的石块，说：“这种紫色的釉石矿更容易烧出斑纹，而且斑纹的图案变换多，也更清晰。”通过这次挖石的经历，叶智慧才发现原来选釉石也有这么多学问呐！

父亲问他：“为什么咱们的家乡是建盏的发祥地？你知道吗？”叶智慧摇摇头。父亲说：“就是因为这里有独特的陶土和釉石，如果用其他地方的土，是无论如何也烧不出建盏的。这就好比制作宜兴紫砂壶，只有选择在宜兴附近的黄龙山寻找深埋在石英砂夹层中的紫泥，紫泥可以分辨出含有蓝色的天青泥，还有古朴气息的清水泥，这才能烧出千变万化的艺术精品。泥，是根本。”

父亲讲的知识让他恍然大悟，不禁想起朱熹的诗句：“问渠那得清如许？为有源头活水来。”怪不得父亲在上山之前，有一种神圣感，原来，釉石在父亲心中比金子还贵重啊！

父亲还嘱咐他，如果挖到那种又红又硬的釉石，是不能要的，用这种釉石做出的釉水，不仅难烧，而且也烧不出好斑纹。

就这样，一连 3 个月下来，只要是适合上山的日子，父亲都带着他去选矿石。他们小心翼翼地把矿石背回家，恭恭敬敬地摆放好。举手投足间，都表现着建盏匠人对自然的敬畏与虔诚。

父亲一有空，就给他讲自己多年积累的经验。比如，为什么建造窑都要选在无雨季节？让他明白这是为了让窑砖不容易返潮。又如，在烧窑时如何掌握好火候？应该让温度慢慢地上升，特别是当温度到达 100℃—300℃之间时，更要慢火，如果升温快了，窑砖就

◎金兔毫盏（盏内为宋代兔毫盏残片）

会爆炸，整个窑就会被毁掉。

“前人们总结出的经验是很宝贵的，也是在书本上找不到的，以后在干活中学吧。”叶智慧把父亲的话记在心里，在漫漫学徒路上努力跋涉前行。

正当他跟随父亲叶礼忠学习拉坯、制作模具等关键手艺的时候，工厂开始了转制改革，大批匠人买断工龄，回家自谋职业。原本生活就不富裕的叶礼忠夫妇，一时间没有了工作，全家人陷入生活的窘境。制陶手艺，是没人买的，烧出建盏，也没多少人认。父母商量着：“趁智慧年轻，让他出去再学门手艺吧。”

于是，叶智慧找到一家建筑公司，开始学习木工装修。

别看叶智慧面目清秀，在学习上可有一股子九头牛也拉不回的劲头儿。学习木工很辛苦，他心一横，一切从头开始，不懂就问，不会就学，专心工艺，很快便掌握了家具、家装等木工技术。他认为，工匠技艺都是相通的，虽然现在自己干的是木工活儿，但是，终究有一天是要回家乡，继承父辈事业。

他借休息的时间回家看望父母，父亲鼓励他建造烧制建盏的窑炉。于是，他自己设计画图，亲手建造。为了保证窑炉的质量，又能省钱省力，他把木工装修的几何原理套用进去，建造的窑壁厚度适当，内部空间布局合理，在烧窑时，可以灵活自由地操作。

数年后，在政府的富民政策的鼓舞下，社会上兴起个人办厂的经济热潮。叶智慧辞去了木工装修工作，手中握着多年打工积攒的钱，回到了家乡，向父亲提出办建盏工作室的想法。其实，父亲早就有这个打算，看到儿子叶智慧与自己的想法不谋而合，老人家很是高兴，又拿出家里全部的积蓄，成立了“叶礼忠建盏工作室”。随后，父子俩以工作室为基础，正式注册了“建阳市智慧建盏瓷艺厂”，2015 年更名为“南平市建阳区智慧建盏瓷艺厂”，创立的“叶礼忠”商标在2018 年荣获“南平市知名商标”，2015 年第一批获得“建阳建盏”证明商标使用权，2019 年又成为第一批获得南平市建阳区市场监督管理局“建盏”地理标志产品专用标志使用企业。

从此，叶家有了自己的建盏产业。叶智慧感到，是改革开放的春风让他真正圆了成为建盏人的梦想。

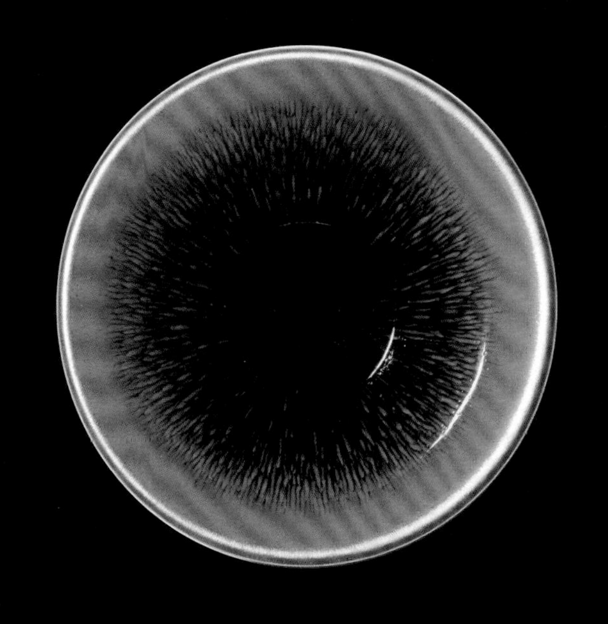

◎金兔毫富贵盏

◎金兔毫盏

在厂里，他担任技术负责人，主要对设计制作建盏和工艺品进行把关。他通过总结父辈们的制作经验，开始对拉坯、上釉、烧成和开模制造等工序进行研究。

早在宋代，兔毫建盏就属于高贵的贡品。品相好的兔毫盏，条纹清晰，每一个条纹的走向要有着落，每一个细小的丝纹要分明，有如兔子的绒毛，看上去是柔顺、光亮。那时，兔毫盏也是建窑里最为流行的种类。制作兔毫盏，如果火候掌握得不好，不但花纹不清晰，毫纹不多，而且会出现毫纹细短、全黑色、气孔大，或起泡等问题。“变幻莫测”这个词在兔毫盏上体现得尤其贴切。这让他想起，在古窑的发掘中，人们发现许多古窑附近有堆积如山的古瓷片，其中兔毫盏残片是最多的。或许就是因为古代兔毫盏的成品率很低，有瑕疵的兔毫盏都被损毁了。

至今，兔毫盏仍然是人们喜爱的种类之一。因其胎土含铁量均高达 9% 以上，胎土呈红色，在高温烧造中，釉下气泡将铁质带到表面，然后流成条条针状，形成黄色的似乎会流动的丝丝缕缕，在黑色釉层中排列出均匀细密的筋脉，产生这种奇观即体现出它的灵性，民间称为“金兔毫”。叶智慧烧制的金兔毫盏，最大的特点是耐用、玻化性强，釉面颜色亮如漆、润如玉、不褪色。

叶智慧把窑变兔毫盏列为研究的主攻方向。他找出父亲曾给他的一块兔毫老残片，反复端详，把每一条丝纹都印在脑子里。在古代，兔毫盏完全采用手工拉坯，他便在拉坯上总结经验，在手感上摸索规律，制作出的兔毫盏底足无釉、盏体釉色厚，纹理流畅均匀。要烧制出这样的兔毫盏，工艺要求很高，常常是窑炉一点火，他就站在窑边守候。有时都忘记吃饭、喝水，一门心思全用在了窑炉上，脑子里无限遐想，猜测着这些“宝贝”出生时的模样……在烧制过程中，他总是小心翼翼地把控着火候，不停地微调温度。坯模在炉中锤炼，他也在制作的道路上艰难跋涉。终于在 2016 年 7 月，他的“窑变兔毫盏”成功面世，它釉面呈褐色，布满细密的毫脉状斑纹，如野兔身上的毫毛一样微细，便又取名为“野兔毫”。随后，他制作的“金兔毫建盏碗”“束口金兔毫盏”“大撇口金兔毫盏”“将军樽”等盏品相继问世，并多次获奖。

如果说“野兔毫”建盏，是叶氏建盏世家中出类拔萃的作品，那么“蓝毫挂珍珠”更是叶智慧的得意之作。他将大自然的美运用到了极致，制作时，反复研究配料成分和比例，不断试验以达到理想效果。基于兔毫盏的传统烧制技法，他通过调整对火焰还原的控制，成功烧制出“蓝毫挂珍珠盏”。这款盏品，既有传统兔毫斑，又有传统小油滴斑，一盏两种釉面，人们无不称奇。

虽然，叶智慧在艺术道路上取得了一些成绩，但是，父亲叶礼忠仍然是耸立在他面前的一座高峰。他以父亲口传身授的经验为制盏技艺之本，积极探索、开拓、创新，在与时俱进中实现着自我的艺术价值。他说：“时代在发展，建盏事业不能永远停留在老路上，也要因时代进步而焕发新的光彩。”

以往，生坯上釉采用传统的方法，叶智慧在总结父辈们经验基础上，改用现代科技手段素烧，节省了上釉时间，解决了需随时上釉的问题。他还将传统的洗泥方法，改为自动化的洗泥技术，提升了工作效率，降低了人力成本。

叶氏父子在创新道路上大步迈进。2016 年，他们在兔毫盏传统烧制的基础上，成功烧制了与矿釉石原色一样的“紫兔毫”，取名为“紫气东来”。2017 年，他们用金兔毫盏的传统烧制技法，制作完成了金兔毫斑纹“公道壶”，外观设计获得了专利证书。叶智慧

◎蓝毫挂珍珠

◎金兔毫公道壶

和父亲开发、制作出的兔毫建盏，纷纷被国内外爱好者收藏。

工匠精神体现着伟大的时代精神，各行各业的艺术工作者承载着时代的使命。经过四代陶艺人的不懈努力，叶氏兔毫盏制作工艺日臻成熟，在历次参展活动中屡获佳绩：2013 年 10 月，“银兔毫建盏碗”被南平市博物馆收藏；2014 年 1 月，“兔毫花瓶”在第五届中国广州国际工艺品艺术品收藏品及红木文化博览会上荣获“中国·金艺奖”国际工艺美术创新设计大奖银奖；2014 年至 2016 年，在第七、八、九届海峡两岸（厦门）文化产业博览交易会上，创作的“束口金兔毫盏”“金兔毫花瓶”“撇口金兔毫盏”“窑变兔毫(豪气冲天)”和“千丝万缕”，分别荣获 “中华工艺优秀作品奖”金奖 、“中华工艺精品奖”银奖、“中华工艺优秀作品奖”银奖、“中华工艺精品奖”银奖和“中华工艺优秀作品奖”金奖；2015 年

◎金兔毫茶叶罐

5 月，“金兔毫盏”荣获第八届福建省工艺美术精品展“争艳杯”大赛铜奖；2015 年 10 月，“将军樽”荣获南平市建阳区“首届建窑建盏工艺作品大赛”银奖；2017 年 5 月，“窑变兔毫（豪气冲天）”荣获第九届福建省工艺美术精品展“争艳杯”大赛银奖。

这一项项荣誉是对叶智慧精湛技艺的最好证明。2015 年 7 月，叶智慧被评为国家级非物质文化遗产代表性项目建窑建盏烧制技艺南平市建阳区级代表性传承人；2015 年 10 月，被评为“南平市工艺美术师”；2017 年，获得高级技师（陶瓷工艺师一级）；2018 年 12 月，获得“福建省工艺美术名人”荣誉称号；2019 年 11 月，荣获第一批“南平市特级工艺美术师（陶瓷类）”称号。

叶智慧承载着父辈们的艺术之梦，叶氏百年四代人的梦想终于得以实现。现在，他可以自豪地说：“初心永不改，建盏有传人！”

孙莉 1982年9月生

国家级非物质文化遗产代表性项目建窑建盏烧制技艺

福建省级代表性传承人

高级工艺美术师

高级技师（陶瓷工艺师一级）

福建省工艺美术大师

福建省陶瓷艺术大师

福建省民间工艺大师

福建省“五一巾帼标兵”

↑孙莉工作照

柔肩纤手担重任

孙莉

在建阳，只要提起孙莉的名字，可以说无人不晓。1982 年出生的她，现有“国家级非物质文化遗产代表性项目建窑建盏烧制技艺福建省级代表性传承人”“福建省工艺美术大师”“福建省陶瓷艺术大师”“福建省民间工艺大师”“福建省五一巾帼标兵”“南平市技能大师”“南平青年五四奖章”“高级技师”的诸多头衔。她的建盏作品先后被中国工艺美术馆、福建省艺术馆、福建省非物质文化遗产保护中心、福建闽越王城博物馆、南平市博物馆收藏，获得多项国家级、省级金奖和银奖等荣誉证书。她被南平市政府授予

“孙莉建窑建盏工艺美术大师示范工作室”和“建窑建盏技能大师工作室”等荣誉。

家乡人以她为骄傲！也让人们看到中国这一非物质文化遗产后继有人。

孙莉是国家级非物质文化遗产代表性项目建窑建盏烧制技艺国家级代表性传承人孙建兴的独生女。她自幼受家庭环境的熏陶，在陶艺氛围中成长。孙莉在外公栗金旺、父亲孙建兴及母亲栗云的教诲与指导下，在建盏科研的理论与实践中，认真学习，刻苦钻研，不断探索，成为建盏瓷坛上的一颗新星。

为了弘扬中华传统文化，传承建盏技艺，在继承家传技艺的同时，她不断探索，凭借自身的勤奋努力，掌握了建窑系列建盏的工艺制作流程和烧制技艺，得到业界认可，这也是她年仅 30 多岁就获得众多国家级奖项的原因。

能取得今天的成绩，让很多不了解她的人，都误认为她是含着金钥匙长大的幸运儿，学艺经历一定是一路平坦。但事实上恰恰相反，一路走来，这位姑娘饱受的艰辛和磨砺是超出人们想象的。

孙莉上小学二年级的时候，父亲为了恢复建窑建盏工艺及烧制技艺，从建阳（原南平地区）轻工业公司调到南平。因为，陶瓷工厂效益不景气，工厂解散，为了不间断建盏工艺研究，父母办了小工作坊，条件艰苦，缺少设备，他们就用两个小电炉做试验。

年幼的孙莉每天看着父母用泥巴搞试验，研究工艺技术，试制产出盏品，觉得挺有意思。尤其是父亲制作的漳州窑的交趾香盒，盒子上烧制出各种各样的花纹和生动的形象，那些光怪陆离的釉色斑纹，深深地吸引了这个小姑娘。眼前，这美好的艺术品把她带入一个个如梦如幻的世界：天上的彩云时常在她眼前游动，美丽的晚霞让她仿佛看到了天宫盛景，毫无规则的油滴、斑纹为她展开无限的联想……这一切竟然是门前那一堆堆泥巴变幻而成？！

在小孙莉的脑子里，无论如何也很难将这一堆又一堆的泥巴与神奇的盏碗联系在一起。

但是，她与陶瓷的结缘还就是从玩泥巴开始的。

那个年代，改革开放的春风吹满了神州大地，建盏也向世界敞开了大门。建盏在市场上有了一些名气，孙莉的家（外公、父母工作室）也成了建盏爱好者们经常光顾驻足之地。一些热心的朋友时常带着日本客商来此了解建盏的传统工艺，订购盏品。

那时，出产的建盏多为 12 厘米口径的兔毫和油滴盏碗。这些盏（碗）常常会被日本客商和一些艺术家全部买走，有时还提出预订盏品的要求。

这让孙莉认识到，日本人对建盏特别重视，视其为国宝。

她长大后，正是家庭艺术氛围的熏陶，让她在潜移默化中受益终身。一次偶然的机会，她得到一本由日本每日艺术株式会社出版的书籍，里面有很多建盏珍品的图片。当看到其中展示着有父亲的作品时，心中对父亲的钦佩更是油然而生。她决心，一定要把父亲的建盏技艺继承下来，传给后人。

为了便于与国外专家交流，有利于市场推广，父母让孙莉学习外语，凭借大学时学到的知识，以及多年来与各国专家、客商的接触，颇具语言天赋的孙莉外语水平日渐提高，听力和口语尤为突出，与外国艺术从业者对话毫不费力。

肯于吃苦，是孙莉特有的性格。她牢记先辈的教诲："过去学手艺为的是养家糊口，现在国家给了我们手艺人很高的地位，学习手艺为的是民族文化的传承，一定要让传统文化走出国门，走向世界。"

孙莉不辜负嘱托，在她参加福建省南平市第一中学外语特色班的学习期间，付出了超出常人的努力。她顺利考入福建省福州英华外国语学院和华侨大学自考日语大专班。但是她并没有停止学习的脚步，随后又考入福建师范大学自考日语本科班，成绩始终名列前茅。

看到这个性格中颇有不服输劲头的小姑娘，有着极高的语言天赋与潜力，老师和同学们都以为，翻译或教师应该是她未来的从业方向。但是，出人意料的是，毕业后的孙莉竟回家传承手艺，捏起了泥巴。

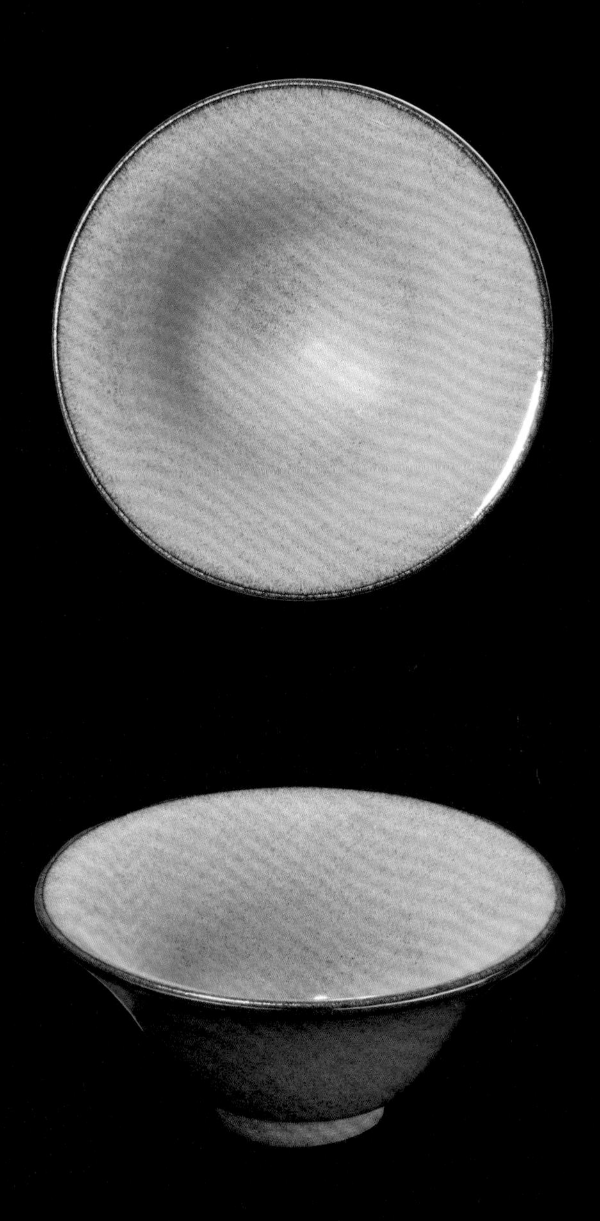

◎翡翠撇口盏

三代人探讨建盏技艺（左起：国家级非物质文化遗产代表性项目建窑建盏烧制技艺项目保护单位创始人栗金旺、国家级传承人孙建兴、福建省级传承人孙莉、南平市级传承人栗云）

其实，这个选择对孙莉来说，当时也不是那么心甘情愿的。刚毕业时，孙莉本想留在泉州工作，以她的外语水平和优秀的成绩是很容易的事。但父母说服她回家传承建盏技艺，从小乖巧听话的孙莉还是顺从了父母的意愿。因为她知道，作为独生女，她是父母和这个家传技艺的全部希望。

刚刚回到家时，孙莉期待着发挥自己的专业优势，能够把建盏推向市场。那一年，日本的经济开始下滑，建盏的出口订单锐减，常年专注研发试验的父母也没有力量拓宽国内市场，工作室面临着研究经费不足，研究工作室又出现人手不足的问题，孙莉只好顶上去，帮助打理。正值青春年华的她竟然要从最基础、最底层的工作干起。

上山选矿、采土、配土、淘洗、陈腐、拉坯……样样都得做。那时的孙莉也和其他女孩子一样，正是爱美的年纪，可是，粗糙而高强度的劳作，使她原本细嫩的双手常常干裂流血，手背摸上去如同磨手的砂纸。在车间工作，不能穿漂亮的衣服，许多工序需要在室外完成，即使擦了防晒霜，但汗如雨滴，一会儿就素颜依旧。经历着风吹日晒，孙莉完全没有了女孩子梳云掠月的心境。

在孙莉看来，吃这点苦并算不了什么，拓展业务才是她的初衷。尽管业务萧条，但是她继续尝试着给国外的老客户们打电话、发传真、发邮件，最终都石沉大海，没有回音。

一天，她突然接到新加坡客商的一个订货电话，虽然当时一个建盏才卖 30 元，她还是一口答应下来，她把这个订单信息看得非常重要！对于研究工作室一年才一两万元的收入来说，能保住这个客户，就有了光明的前途。

她保质保量地为这位客户服务，组织最好的原材料，每道工序都要精心安排。在她眼里，这个订单是今后工作室能够继续研制建盏的希望。但是，就在刚刚看到一丝曙光的时候，现实又不尽如人意。

按照客户的要求，他们发送了大批高品质的建盏，在等待货款时，这位客户却消失了。货款没有了着落，建盏也没处去找，这让一家人很是沮丧。十年后，在朋友热心的帮助下，才辗转得以按原价讨回货款。而此时，建盏的市场价格与十年前相比，已经翻了十几倍。

2003 年，赴日考察曜变的孙建兴一回国就病倒了，恰巧日本的 NHK 国家电视台到南平星辰天目陶瓷研究所拍摄纪录片《幻的名碗——挑战曜变天目茶碗》，摄制组专程要采访孙建兴。看着重病憔悴的父亲一边打点滴，一边配合录制，孙莉很担心父亲的身体，也很心疼，也更为父亲的敬业精神深深感动。

采访结束后，孙莉扶着父亲坐下，父亲语重心长地对她说："莉莉，我最担心的是怕自己这次扛不过去，如果像长江惣吉一样，就会留下终身的遗憾。"

孙莉心里一紧，泪水含在眼中。她知道，曾多次来中国拜访父亲，一起探讨建盏工艺的日本陶艺家长江惣吉，就是突然病逝的，未留下只言片语。长江惣吉的儿子长江秀利，也是一位陶艺家，是自己的好朋友。长江惣吉的突然离世，给人们留下了莫大的遗憾。

从此，孙莉一边照顾父亲，一边认真聆听、牢记父亲的每一句话。

父亲告诉她，20 世纪 70 年代，一家人为了恢复建盏技艺，历尽艰辛，变卖了家里值钱的东西，举全家之力买来一些制作建盏的设备，主要就是为了能把建盏技艺全面复原和传承下来。

孙莉的父亲在大学里学的是硅酸盐陶瓷专业，也想在建盏事业上做一些贡献，把老一辈未完成的事业继承下去，但是由于各种原因，总是事与愿违。1979 年，父亲的建盏研究正处在关键期，得到了中央工艺美术学院梅剑鹰教授热情的鼓励：“你能把这个兔毫釉恢复起来，对国家是很大的贡献，如果能把这个油滴再恢复出来，那就是对国家重大的贡献！”

父亲和母亲商量，作为建盏人，心里一定要装着国家，现在国家政策好了，国兴则艺兴，任何艺术佳品都出自盛世，我们有责任将建盏这一国宝技艺恢复起来。日本研究我们的建盏，在世界上有了一些影响，我们一定更要超越他，为中华民族赢回尊严。

如今，孙莉作为第三代传承人，她感到了肩上担子的分量！

身体顺利康复的孙建兴体会到时间的宝贵，夜以继日地工作。随着研究工作的开展，急需人手。那时，孙莉刚刚进入福建师范大学学习日语。为了在父亲工作室打下手，每周五下午放学铃声一响，孙莉就直奔火车站，回到陶研所，一头扎进工作室开始工作。揉泥、拉坯、修坯、烧窑……经常一干就是一个通宵，有时两天下来只能睡两三个小时。父母心疼女儿，外公外婆见到母亲栗云就说：“你们怎么做父母的，把一个女孩当男孩用？”孙莉知道后，却安慰外公外婆，说自己年轻有体力，熬夜不算什么。作为女儿，她更为父母的身体担心，恨不得两天就能把一个星期的工作做完。

周一赶回到学校后，为了抢回周末的学习时间，孙莉都是熬夜补上，经常几天几夜不合眼，结果长期熬夜导致耳疾，险些耳鸣。两年里，这样地往返奔波、折腾，从没间断过。

孙莉全身心学艺，加上在实践制作和研究试验中磨砺，技艺日渐增进。当看着完全由自己制作完成的盏品面世时，孙莉真正体会到付出辛苦后的欣慰与自信。建盏文化已经深入孙莉的骨血，毕业时，在福建省博物馆研究员栗建安老师的指导下，她提交的学位论文《从宋代黑釉茶盏谈日本天目茶碗》被评为当年福建师范大学自考班优秀毕业论文。

在福建师范大学学习期间，孙莉还为竹木筷厂做外销联络，在日语培训学校速成班任教。虽然紧张忙碌，但她过得快乐充实。

那时，孙莉还有一个心愿，就是渴望能到中国艺术研究院高研班深造学习。母亲栗云考虑孙莉从小生长在南方，体质弱，不一定能适应北方冬季的寒冷，希望女儿能放弃去北京学习的念头，转到离家近的南方城市学习深造。但孙莉赴北京求学的愿望，母亲怎么也阻挡不了。终于如愿以偿，她接到了中国艺术研究院的入学通知书。为了保证女儿学习期间的房租和生活费用，父母忍痛割爱，把仅展示不销售、爱不释手的建盏卖给了市场爱盏客户。

正当踌躇满志的孙莉梦想着实现自己人生理想的时候，疾病向她走来，长期熬夜、劳累奔波和考试压力使这个20来岁的女孩身体严重透支，加上北方严寒，她再也坚持不下去了。两个月后，孙莉不得不中止高研班的学习，被母亲接回家乡住院治疗。

但是，孙莉并没有因此气馁，父母鼓励她，只要有健康的身体，认真学习，不管做什么，都会有出路的。于是，她继续向父母学习设计制作建盏，研究创新建盏技艺。

经历了艰难困苦，孙莉更加成熟和沉稳了。她潜心学艺，一边学习传统技艺，一边拓宽眼界，思考研究创新的方向。在揉泥手法上，除了继承父亲的传统手法，她还向国内外各个门类艺术学院老师们学习菊花揉法、羊角揉法等；在拉坯技法上，她学习领会了韩国的金炳億教授的艺术理念；在建盏造型上，她大胆借鉴现代陶艺和其他窑口的器型，创新出花瓣盏、钵形盏、葵口盏等；在釉面上，创造出绿兔毫、乌金釉等。

孙莉在艺术道路上不懈追求，她用顽强的毅力和超常的努力，不断研究、实践探索、开拓视野。她到景德镇参观，向老师傅们虚心请教；到邯郸学习，向同行们研究创新路径；到德化研习，向姐妹们讨教釉瓷细腻的新方法……

她认为，一个人的智慧和力量是有限的，艺术是相通的，只有把世界上最好的精品集合起来，加以研究，科学合理地兼收并蓄，触类旁通，这样才会不断研制出新的作品。

◎绿兔毫盏——馨绫

的确，孙莉的创新作品不断涌现，近年就创作出许多精品，主要有：

望月—花仙子为手工拉坯成型，在继承传统建窑原矿釉的基础上设计创新出新的造型，釉面中间金黄色的部分代表圆月，蓝色的原矿釉代表天空，杯垫呈现花边的形状构思来源于荷叶。整体的设计表达的是在月光的照耀下，犹如一个个花仙子在荷叶上翩翩起舞。

绿兔毫盏是建盏中极为少见的一个品种，毫纹为辉石类结晶，这种效果在建盏中极难形成。此盏毫纹条达，由边口直达盏心一贯而下，盏心以乌金蓝色为底，如一泓池水，三五点晶花如浮萍一样

◎望月—花仙子

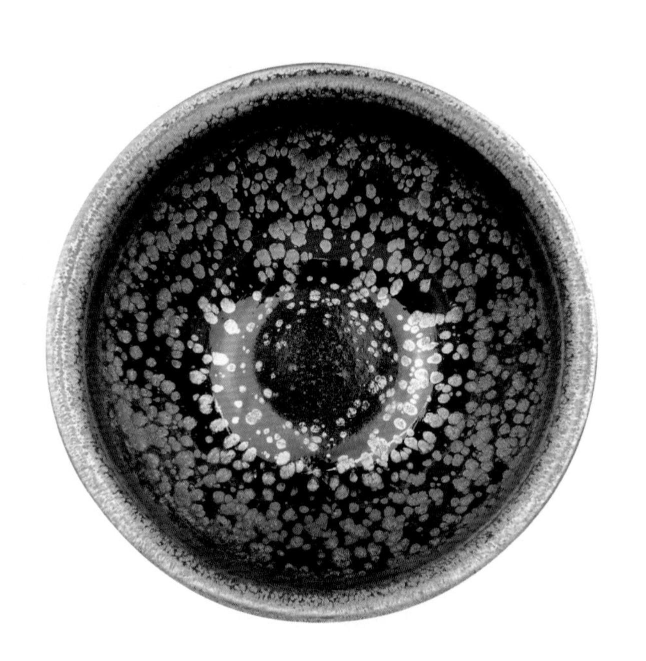

◎金缕鹧鸪斑盏

漂浮其上，体现出“月满空山水满潭”的诗意。

虹彩金兔毫盏在继承传统造型的基础上，利用现代工艺技术，使釉料在窑内高温条件下自然产生出带虹彩金属光泽的兔毫纹，充分显示出窑内变化无穷的艺术魅力。

金缕鹧鸪斑盏釉面斑点像鹧鸪鸟身上的羽毛斑点，在继承传统造型的基础上，利用现代工艺技术，使釉料在窑内高温条件下自然产生出带金色金属光泽的油滴鹧鸪斑点，出其不意地显现出窑内变化之奇妙效果。

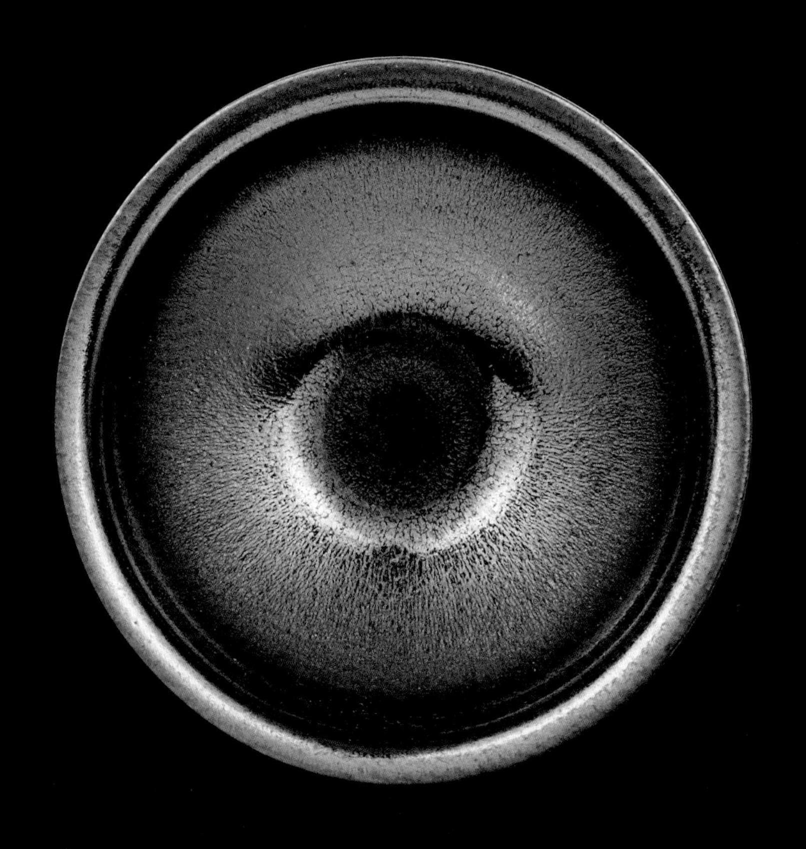

◎ 虹彩金兔毫盏

曜变花口瓶在继承传统工艺的基础上，创新出花口花瓶的器型，圆环状的斑点周围七彩的兔毫纹丝丝条达，如七彩的霞光。

虹彩金油滴盏在继承传统造型的基础上，利用现代工艺技术，使釉料在窑内高温条件下自然产生出带虹彩金属光泽的油滴斑点，魅力无穷。

红兔毫木叶盏将传统工艺与现代工艺技术相结合，采用叶子装饰于杯子上，其叶脉纤毫毕现，天然成趣，胎色润泽厚重，釉色古朴典雅，昭示着秋意盎然、万物生机勃勃的景象。

建窑建盏三代人，从20世纪60年代至今，历经艰辛，不懈努力，研究恢复了“仿宋建窑系列建盏”。2011年，南平市星辰天目陶瓷研究所的春天终于来了，申报的建窑建盏烧制技艺，被列入第三批国家级非物质文化遗产代表性项目名录。慢慢地，民众认识到了建盏的文化价值，建盏行业逐渐走出低谷。孙建兴主攻的“曜变天目”恢复也提上了日程，研究所的经济日渐好转。20世纪90年代中期，“曜变天目”的研究通过了福建省科技部门的评审，被正式立项。

2012年，孙建兴被评为国家级非物质文化遗产代表性项目建窑建盏烧制技艺国家级代表性传承人、中国陶瓷艺术大师。随后市场和收藏者纷至沓来，打开了国内外市场。2017年，金砖国家领导人厦门会晤期间，建盏再次出现在人们的视野中，让世界认识了建盏的审美价值、社会价值，极大推动和促进了建盏行业的经济效益，

◎曜变花口瓶

◎虹彩金油滴盏

◎红兔毫木叶盏

增强了人们对“非遗”传承人的关注，增进了人们对其技艺的文化认同。

经历了生活的起起伏伏和学艺道路上的坎坷，孙莉的内心更加强大与坚定。传承之路还很漫长，孙莉说：“我目前最急需的是提高理论水平、拓宽视野，只有这样才能让我们的建盏文化不断提升。”

我们终于感受到了这位建窑建盏烧制技艺后起之秀的蜕变成长，期待看到她创作出更多的建窑建盏优秀作品。

周建平 1984年10月生

国家级非物质文化遗产代表性项目建窑建盏烧制技艺南平市建阳区级代表性传承人

高级技师（陶瓷装饰工一级）

福建省工艺美术名人

福建省南平市建阳区建窑建盏协会副会长、建盏鉴定咨询委员会委员

福建省工艺美术名人

↑周建平工作照

芦花坪里追梦人

周建平

1979 年，中央工艺美术学院、福建省轻工业研究所和建阳瓷厂组成了建窑宋瓷建盏兔毫釉恢复科研小组，全力攻克古代建盏烧制技术。1981 年 3 月，科研小组向社会公布了仿宋兔毫盏的样品。80 年代末期，建阳瓷厂倒闭，随着瓷器收藏的升温，民间烧制开始兴起。21 世纪初，建盏市场兴起，从事建盏烧制的人越来越多。水吉镇后井村大路后门，有一座长 135.6 米的窑，是世界上最长的窑，这种窑人称“龙窑”。

要说古代的建盏烧制，就不得不说古老的龙窑。

龙窑就是烧柴火的土窑，都是利用山坡地势用砖砌筑而成，远望如卧龙，窑身内成拱形，龙头朝下，龙尾朝上，故称“龙窑”。龙窑柴烧建盏，形成黑釉不难，难的是在1000多摄氏度的高温里流动的釉形成各种神奇釉面的建盏。一龙窑可以烧制10万个建盏，却烧不出几个好兔毫盏，更别提油滴，至于曜变，300年间也烧不出几个。

要出精品建盏，是技术、火候和天意的完美结合。

正如世界上没有完全相同的两片叶子，也没有完全相同的两个建盏，这意味着每一个建盏都是孤品，精美的兔毫、油滴、是难见之器，而曜变，那就价值连城了。

1984年，周建平出生在水吉镇后井村，距离在世界最长的龙窑不远。

水吉是建盏发源地，正如茅台镇空气中含有独特的酵菌，才能够酿造出独特的茅台酒，水吉镇也因为红土中含有独特的矿物质（含铁量达8%，其他地方的红土含铁量一般只有3%），才能够烧制出独特的建盏。

周建平出生的水吉镇后井村又叫碗村，村人称建盏为乌泥盏、宝碗、黑碗。后井村是古代建窑最密集的地方，也是建盏烧制得最好的地方。

在20世纪90年代芦花坪的田地里，周建平是个忙碌的孩子。

父母亲是农民，耕地种稻种竹荪，田地里，全是碎的建盏瓷片。瓷片层是那么厚，难道古代的先人年年岁岁不种地，就靠土与火来成就他们的生活？

特别是种竹荪，田地翻耕成畦，一片片的盏底、瓷片被翻出来，周建平喜欢认字，蹲着细细地拾起有字的盏底来揣摩。有姓氏的：李啊、张啊、周啊……有数字的，一啊、二啊、七啊、九啊……有供御、进盏，还有品质很好的银毫和油滴的建盏瓷片……

种竹荪要搭棚，最简易的茅棚也要砍茅草、芦苇。芦花坪，自古就是芦花飘荡的山坡，芦苇的须根，咬着厚厚的土，须根之下，埋藏着千年的惊艳。年幼的周建平看到了“倒字”，他不懂，这像篆刻的反字究竟是做什么用的？

原来是泥帖，专业词语是——垫饼。垫饼是烧瓷器的垫烧工具，形状像饼。唐代以来，使用单件匣钵后，瓷器与匣钵之间就会用垫饼隔着，防止瓷器与匣钵黏结。

芦花坪赋予周建平的，是不言之教，潜移默化中坚实了周建平逐梦的翅膀。

周建平在后井村上小学时，村校的正对面，就是建盏窑的遗址，人们称这个地方是大路后门。一天，周建平发现大路后门聚集着许多人。回家后从父母谈话中得知，大路后门来了考古队，父母都要去帮忙，挖土挑泥。

◎宋代建窑黑釉撇口盏

周建平第一次感受到考古就在身边，那古代无穷的秘密就在脚下的这片土地上。

从此，周建平经常看到考古队，这里测测，那里挖挖，非常神秘，他觉得十分好奇。

年少的周建平捡了些块儿大、好看的碎片，拿回家堆放在房屋的角落，既好玩，又神奇。这也算是朦胧的收藏意识吧。

小学四年级的时候，村里来了日本人，全村人都很好奇。原来，他们是为了建盏而来，是来收建盏的，而且想收一些口径比较大的。有人说周家就有，于是，父亲拾来舀肥料的大碗居然被日本人花500元买走了！这对周家来说可是个天大的数字。

中国考古队、日本购盏人，他们的到来给周建平带来了极大的震撼。更让他意外的是，老一辈人曾谈起美国人早就踏上过这片土地！这位美国人叫詹姆士·普拉玛，现在，那段历史的记录已经很明晰。在20世纪30年代，美国人詹姆士·普拉玛在福州古玩店发现一种斑纹特别的黑釉茶碗，由此引发极大兴趣，便四处打探产地，最终得知此黑色茶碗可能来源于闽北水吉。于是普拉玛几经辗转，在后井村找到宋代建窑遗址，并将考察结果发表在英国《伦敦新闻画报》上，引起了轰动。普拉玛成为西方第一个寻找到建盏来源的人。他将建盏称为“China's great yet humble ware”——伟大而含蓄的中国瓷器。

故乡的山水滋养，匠人烧制出的建盏是文物，也是宝物。周建平开始细心寻找建盏的点点滴滴。虽然大器、完整器是稀缺的，但寻找各种器型的建盏，形式各异的瓷片，各种底款的盏底并不难。

周建平走遍了附近芦花坪、大路后门、营长墘、牛皮仑等12万平方米的窑址，见到不认识的字款、器型、釉面的建盏，就向老师和老人们请教。

周建平大学学习的专业是计算机网络，让他没有想到的是他因对建盏痴迷而积淀下来的建盏知识，最终与网络结合起来了。

黑碗村的孩子与互联网激烈地碰撞着。

故乡的窑址、建盏的图片出现在周建平的网络世界里。偶尔，他还抒发一些感想，分享一些感悟，撰写一些文章。那是网络起步后狂飙的时代，周建平并没意识到自己的这种做法，正在推广宋代文化、宣传建阳文化、弘扬建盏文化。

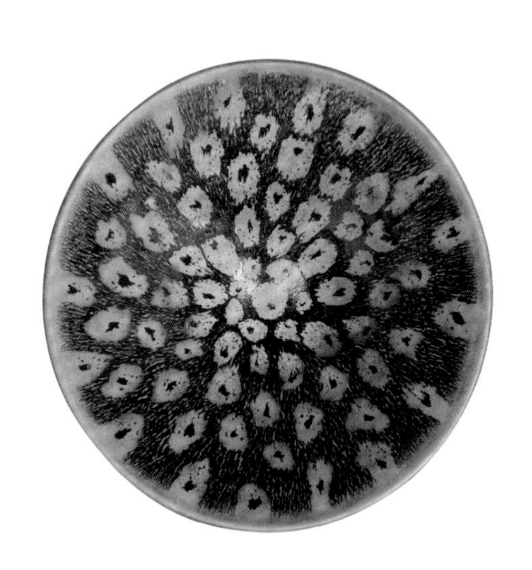

◎宋代建窑铁锈斑敞口盏内视

因为网络，大学时代的周建平认识了很多外地喜欢建盏的朋友，每一个对实物有向往的人都有想到实地考察的愿望，想看看宋代的建盏是如何在后井这片土地上烧制的。素昧平生的朋友们联系周建平，暑假的时候，他们来到后井村，跟随周建平，追随着前人的老印迹，恨不得一日看尽建盏窑场。

周建平成了地接导游。

每一个窑场，如山堆积的碎片与匣钵，让人感觉到时光的久远、宋代的辉煌、个体的渺小、日渐之功的力量……拾到精美的千年瓷片，仿佛时光冻结，釉面的美丽从未曾走失。他深爱着这片土地和土地上的瓷器。他有时候，会摩挲着一片老盏瓷片，就这么摩挲半天也是难得的享受。

能否拾回那段遗失已久的技艺？能否重现千年前那精美的瓷器？成了时常萦绕在周建平心头的问题。

2003年，周建平大学毕业，计算机专业出身的他，在福州租了一间小店面，卖起了打印机及其耗材。

一天傍晚，周建平散步时，无意之中走进一个古董店，店里摆满了古旧的瓷器，其中还有不少建盏碎片。周建平随意拿起一块，问老板，这玩意儿也能卖钱？老板瞥了他一眼，语气里含着鄙视："外行了是不是，别小看这小小一块，值你大半年工资。"

为什么对家乡如此有价值的建盏没有被足够重视？为什么自己的建盏知识储备未能转化为生存技能？一向精于鉴赏的宋徽宗都是建盏的粉丝，自己有什么理由放弃建盏呢？回望千年前一个幻妙的情景：大宋王朝，政和二年（1112），人间四月，清明时光，暖风拂过皇宫后苑的太清楼，宋徽宗神清气爽，大摆筵席。帝王的客人，特别尊贵，是蔡京、高俅、童贯那些国之重臣。莺歌燕舞、酒酣耳热之际，开始上茶。"以惠山泉、建溪异毫琖（异毫盏），烹新贡太平嘉瑞茶，赐蔡京饮之"，而后又是笙竽、琵琶、箜篌、筝、箫，歌女登台，八音齐奏；舞女献艺，曼妙起舞。群臣举盏品茶，观舞赏乐，尽醉而归……

宋徽宗所用的建溪异毫盏就是建盏中的极品。

所以，建盏的极品，出自水吉镇后井村；后井村的极品，又出自芦花坪。

周建平离开福州，再次踩在了芦花坪的土地上，想办法将村民喂鸡鸭的碗钵收回来，细心呵护。2008 年是一个瓷器收藏正热门的时期，收藏热促进了海外建盏的回流。周建平得天下风气之先，不但收藏了村里的许多建盏，更收到了回流的老盏、整器……渐渐地，周建平的藏品越来越丰富，越来越多彩，应接不暇。正是因为后期进行了有目的的收藏，他弥补了之前藏品种类的不足。

谈起自己的鉴赏眼力和收藏理念，周建平一点也不遮掩和谦虚。自小耳濡目染，使他对建盏的真假有着本能的反应。他说，有些东西属于“开门老”（建阳话，绝对是真的没有争议、根本不用看第二眼的意思），绝不能犹豫，过了这村就没这个店了，但是有疑问的坚决不收。

2009 年，周建平第一次去日本，在一家小古玩店里一个不起眼的角落，发现一件“开门货”——一块稀罕的宋代黑釉油滴残片。此时，就像看到绝代佳人一样，周建平顿时两眼放光，心跳加速，一定要收入囊中！最后，他以 5000 元的价格买了下来。八年后，周建平在国内一个收藏家那里发现另一块残片，一通软磨硬泡，花高价把它买了下来。凭直觉，周建平认为它们出自同一个建盏。

周建平小心翼翼地将它们拼接在一起，两块残片合成一个半盏，除了因保存环境不同，造成了胎体颜色有明显差异以外，接口釉面破损极少，油滴纹路严丝合缝，这样的合体极其少见，十分难得。如果把两块残片比作兄弟，毫无疑问，它们就是失散多年的孪生兄弟，是周建平让它们久别重逢，成为建盏收藏界的传奇和佳话。

2016 年，周建平在朋友那里看中一个缺了一个口的老盏，是朋友花了 4000 元淘来的。周建平出价 1 万元，朋友心动了，但是朋友的妻子坚决不卖。直到 2019 年，周建平从另一位藏家那里看到这个盏，花了 4.5 万元终于买到手。

2014 年 9 月，电视台某个栏目摄制组录制“走进建阳”专题，在建阳体育馆海选嘉宾。几千人每人持一宝物排成长队，等候 5 位专家一一鉴定，加上看热闹的，现场近万人，人山人海。已经在当地小有收藏名气的周建平捧着自己的“宝物”，成竹在胸。果然，专家一看到他的盏，眼前就亮了。那是一个口径达 28 厘米的宋代建盏，虽然不是最大（目前发现最大的宋代建盏口径为 42 厘米），但也够大了，专家们对这个大尺寸盏啧啧称奇。

顺利通过初选后，周建平又凭着一个直径仅 4.8 厘米的建盏，顺利通过终选。这只小建盏虽然不是最小（目前发现最小的宋代建盏口径为 4 厘米），但也够小了，同样得到了专家们的交口称赞。

2016 年 10 月，在一档电视节目中，他向在场的专家展示了一个粘在匣钵（烧制建盏的窑具，烧制过程中为防止气体和有害物质对坯体、釉面的破坏和污染，将坯体放置在耐火材料制成的容器中

◎曜变盏

焙烧，这种容器即称匣钵）里的建盏，虽称不上精品，但因为产自宋代，专家们当场鉴定为真品和珍品。

2018 年 9 月 30 日，一个口径 15.8 厘米的宋代建窑黑釉供御款茶盏又在电视节目中亮相。这是 2012 年他偶然从日本的一个古玩店淘来的。周建平现场陈述：大口径的建盏，在宋代建盏中恐怕只占千分之一；而带铁锈斑纹饰的建盏，在宋代建盏中恐怕只占万分之一；最为难得的是，盏底刻着“供御”二字，意味着它是宋代宫廷御用之物，近乎是稀世珍品。

周建平的这一推测，得到故宫博物院研究员杨静荣的首肯。如今，周建平以精准的眼力、独到的鉴赏品味、丰富的建盏知识和丰厚的藏品，成为名副其实的建盏收藏家。

当有人问周建平“收藏的这几个盏卖不卖”的时候，他总是笑笑：

◎ 曜变盏内视

“给多少钱都不卖！”他说：“搞收藏不是为了钱，完全是出于对建盏痴痴的迷和深深的爱，仅此而已。”

故宫博物院研究员杨静荣认为，宋代建盏最名贵的斑纹是曜变，其次为油滴。曜变盏是宋代建窑建盏的最高端品种，光照之下，釉斑会折射出晕状光斑，仿佛是深夜海边看到的天空，高深莫测。这种变化是始料未及、偶然出现的，非窑工人不可以实现，日本人形容其为“碗中宇宙”。 杨静荣曾拿着一个油滴残盏说：“这个残盏上的油滴斑纹，是极其罕见的极品，进贡给皇宫专用的。” 因此，残品需要包容。周建平正是以此种态度去收藏残品的，他认为：“老盏往往残缺不全，藏家要有包容心态，不能过于追求完美，残缺也是一种美。”

周建平说：“无论是收集旧盏旧片还是洗盏看盏，对我来说都是一种阅读，想象着它们背后的故事，烧盏的是个什么样的人，从而产生心灵感应，获取创作灵感。”

淘宝不仅需要有慧眼，还需要雄厚的经济实力，“钱从窑里烧出来，又从淘宝市场上烧掉”，“旧的拿来收藏，新的拿来流通”，“要挣钱就用新盏挣钱，旧的卖一个少一个”，“识古不穷，痴古不富”。对于收藏，周建平有深刻而独到的理解。周建平承认，这些年，他是赚了不少钱，但是大部分都拿去买老盏了，一方面能带动这个行业发展，另一方面也能丰富自己的收藏。

周建平藏有三块特殊的残片：其一，每块都保留着盏底；其二，盏底都刻着字，一块刻着“周”字，一块刻着“建”字，一块刻着“平”字，合起来就是“周建平”。古代工匠非常谦卑，不会在盏底刻上全名，往往只刻上姓名中的一个字作为标记，“周”是某工匠的姓，“建”和“平”则是某两位工匠的名或字。周建平却视它们为一种与生俱来的缘分，认为冥冥之中自己就是为建盏而生的。

随着对建盏文化的深入了解，周建平对老盏越来越喜爱、越来越珍惜，只要看见真品，他都想方设法买进，别人出多少钱他都拒绝卖。他认为，钱是赚不完的，一味向钱看，“为钱痴盏”，而非“为艺痴盏”，是既无前途也无钱途的。

一旦开起建盏展示馆，周建平就意识到他的不足了。某种器型的盏不多，某种釉面的碎片很少，某种整器特别难找。

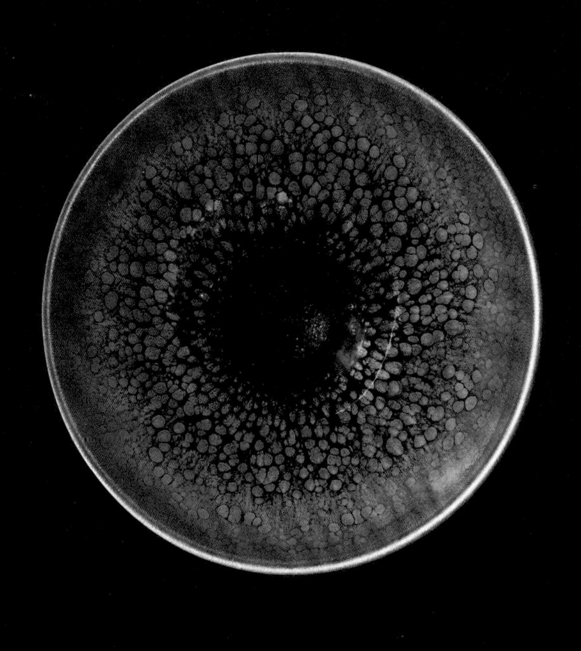

◎鹧鸪斑建盏

◎ 鹧鸪斑撇口盏（右为宋代盏片）

老盏不可再生，收一件少一件，卖一件少一件，资源总会枯竭，能收到的好盏好瓷片越来越少，周建平觉得做新盏是个趋势，决定开始烧制建盏，烧制新盏卖钱。以新盏养老盏，收藏才可持续。

烧制建盏对周建平来说并不是件很困难的事情。他爷爷是个窑工，虽然没有烧过建盏，但是烧过缸和碗，在当地烧窑技术堪称一流。2000 年，建盏开始有了一定的市场，父亲继承了爷爷的烧窑手艺，还建了一个气窑，尝试着烧制建盏，但是产品无人问津，烧了几窑就不了了之。

周建平是 2012 年开始制盏、烧盏的，这时建盏已经进入寻常百姓家。虽然有父亲的悉心指导，第一窑还是全部报废了。但周建平没有气馁，一边求师，一边自学，苦心钻研新盏烧制技艺，从建盏的坯土、釉石入手，不断进行配方改良，终于获得成功，烧制出

◎ 银油滴建盏（右为宋代盏片）

的建盏既保留了老盏的韵味，又在传承的基础上有所创新。

周建平用的是电窑，一窑一般只能烧 6 个建盏，烧窑时间为一天一夜。他一共烧了 90 窑，才获得成功。但是，这个成功总是相对的，因为一窑的成功率也只有 40%—50%，6 个里头只有 2—3 个是好的，其余都是次品。烧精品，不知要经历多少失败的煎熬。

经历了漫长的实践，不断地寻找，周建平在“用什么土制作建盏最好”的这个问题上琢磨起来。不可否认，千百年来人们都是用水吉后井村的红土制作建盏。但是，仅仅红土就能烧制建盏吗？不能。泥土的选择，说来是秘密，说出来就不是秘密了。

“刚开始拉坯做盏，我是听泥巴的，被泥巴驾驭。等做到一定程度，自己厉害起来，泥巴就要听我的了，我叫它怎么样，它就得怎么样。”这是周建平的经验之谈。做盏，周建平胸有成竹；烧盏，周建平却不敢夸口。“相比柴窑，电窑烧制技术已经相当成熟，但不稳定、不确定因素还有很多，不是三言两语能够说清楚的，甚至只可意会不可言传，或许这里头有天道。”

周建平将红土、白土、田土配比运用到完美。红土，含铁量高；白土，即高岭土，耐高温；田土，取其韧性。在釉的选择上，他取表层。釉矿，有表层、中层、底层，他钟情于表层的釉。他制盏所用的草木灰，绝对不夹杂杉木，因为杉木灰会导致釉水的流动性差。

泥土、釉料、草木灰的秘密找到后，就是制盏人的历尽艰辛。

试窑的时候，烧建盏需要投油柴还原。油柴的重量、还原的时间是分别要精确到克和秒的。对于油滴的釉面来说，就像中国画，不是纯粹的大滴或者小滴就是精品，而是大、小油滴合理错落地分布，如满天星辰，或大或小，或明或暗，或远或近……那如星宇绚烂般的油滴盏，才是真正的精品。

精品建盏的出世，是建立在几百万的研发费与砸烂无数的废品的基础上的。

评价周建平的作品，内行人说，第一眼看上去并不抓人眼球，但很耐看。在耐看上，他付出了极高的代价。

试釉。釉水很多，不断尝试，一旦某一种釉烧出好盏，其他釉就全倒光。不留余地的狠心，是为了做出更好的作品。

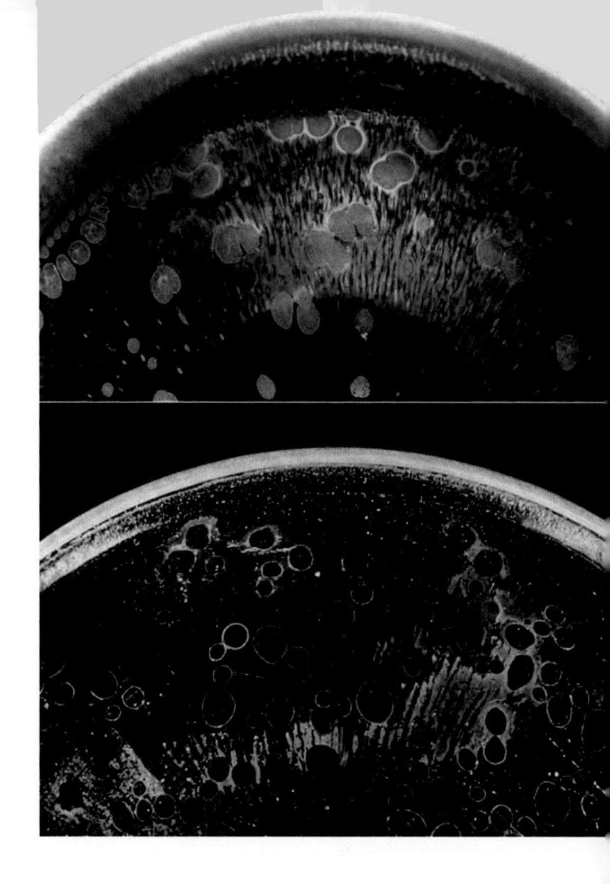

◎新老曜变盏对比
（上为周建平制作，下为被日本视为国宝的曜变盏，周建平提供）

试窑。一窑一窑地试验，每试一窑就要几百元的成本，一个月的试验可能要花费 1 万多元。如果几窑同时试验，几十万元的试烧成本，很快就会耗尽。与众不同的建盏精品是建立在长期研发的基础上，可研发成本高昂！

求质。一个电窑，可以装 60 只盏，周建平只装 6 只，成品 50%，精品更少。为了求质，只要是不好的坯、不好的盏，统统砸掉，绝不流入市场。

求真。周建平是学计算机网络的，他的网络向公众开放，拉坯、上釉、烧盏、出窑……几乎全程透明，砸次品也一样直播。真实就有力量。粉丝越来越多，如今有 27 万位粉丝，他可以算是名副其实的“建盏网红”了。

有一次，建盏烧好后，周建平接到一个紧急电话，忘了把成品取出来。等他从外地办完事回来，已经是 5 天之后了。他以为窑里装了新坯，又烧了一次，结果烧出珍贵的红粉香槟色。之后他如法炮制，连试了几次，却再也没有烧出这种颜色。

周建平有着强烈的品牌意识，在他烧制的第 91 窑成功后，便注册了“红袍建盏”商标，一个建盏最高卖到 1 万元，最低也能卖到五六百元。以周建平现在的名气，次品降价也能卖掉，但他宁愿亏本也不滥竽充数。为确保产品品质，烧出的盏哪怕有芝麻大的瑕疵也要砸掉。

周建平坚信：“有实力才有魅力，有品质就有品牌。实力是练出来的，品牌是砸出来的。”

周建平在建阳古玩城有一爿店面，店面匾额“大宋建窑”四个大字是用宋代建盏碎片拼接起来的，别有意趣。年轻的周建平因为熟谙计算机和互联网，自然成为建阳网上推介和销售建盏第一人。

童叟无欺的诚信、合理的价格、对等的品质，以及多年形成的品牌、积聚的人气、产生的影响力，即使在建盏市场低迷的情况下，周建平的建盏店仍然顺风顺水，销售红火。2015 年，周建平的“红袍”建盏销售额突破 200 万元，且呈逐年上升趋势。

盏里乾坤大，碗中日月宽。周建平这辈子，注定醉倒在盏里、

◎ 蓝毫建盏（右为宋代残片）

沉浸在碗里。

如今周建平被授予国家级非物质文化遗产代表性项目建窑建盏烧制技艺南平市建阳区级代表性传承人、南平市建阳区建窑建盏协会副会长、建盏鉴定咨询委员会委员，并获福建省工艺美术名人、高级技师（陶瓷装饰工一级）称号。

“行远必自迩，登高必自卑。”芦花坪不大，芦花坪不高，但周建平追梦芦花坪，带着田野的馨香，土地的力量，志行更为高远！

参考文献

著作

❶ 中国硅酸盐学会编著：《中国陶瓷史》，文物出版社 1982 年版。

❷ 叶文程、林忠干：《建窑瓷鉴定与鉴赏》，江西美术出版社 2000 年版。

❸ 冯先铭主编：《中国陶瓷》，上海古籍出版社 2006 年版。

❹ 马骋：《建窑》，上海大学出版社 2011 年版。

❺ 谢道华编著：《建窑建盏》，福建省地图出版社 2015 年版。

❻ 李家治主编：《中国科学技术史（陶瓷卷）》，科学出版社 2015 年版。

学位论文

❶ 胡琼：《以茶育德，盏中乾坤——论宋代建窑黑釉茶盏的美学意蕴》，硕士学位论文，湖北美术学院，2010 年。

❷ 张玮：《高铁析晶黑釉的科学研究》，硕士学位论文，景德镇陶瓷学院，2010 年。

❸ 毕佳佳：《中日天目茶碗考》，硕士学位论文，浙江工商大学，2017 年。

期刊

❶ 叶宏明：《曜变天目黑釉瓷》，《硅酸盐通报》1982 年第 3 期。

❷ 陈显求、陈士萍、黄瑞福、周学林、阮美玲：《宋代建盏的科学研究》，《中国陶瓷》1983 年第 1 期。

❸ 陈显求、孙洪巍、黄瑞福、陈文钦、欧华伶：《仿制宋鹧鸪斑建盏的工艺基础》，《中国陶瓷》1993 年第 1 期。

❹ 李达：《鹧鸪斑建盏仿制及形成机理探讨》，《福建轻纺信息》1994 年第 12 期。

❺ 陈显求：《宋耀州兔毫天目瓷釉的分相与析晶》，《自然杂志》1995 年第 6 期。

❻ 莫贤书：《“建窑”与“兔毫盏”》，《农业考古》1996 年第 2 期。

❼ 毛晓沪：《建盏鹧鸪斑新探》，《收藏家》1997 年第 2 期。

❽ 李达：《论鹧鸪斑建盏》，《陶瓷学报》1998 年第 2 期。

❾ 檀瑞林：《黑釉瓷的佼佼者——曜变》，《四川文物》2000 年第 1 期。

❿ 李达：《宋代油滴茶盏鉴赏》，《收藏家》2005 年第 2 期。

⓫ 李达：《建盏鉴赏》《土与火高难度结合的艺术 纯粹的陶瓷艺术》，《收藏家》2007 年第 4 期。

⓬ 刘水清：《建窑建盏的造型文化探析》，《中国陶瓷》2008 年第 1 期。

⑬ 孙建兴：《宋代御用茶器——建窑·建盏》，《中国陶艺家》2008 年第 2 期。

⑭ 李达：《建盏揭秘——铁系结晶釉斑纹的形神之变》，《收藏家》2008 年第 8 期。

⑮ 马未都:《马未都谈瓷之色　乌衣巷口夕阳斜——黑釉》,《紫禁城》2009 年第 2 期。

⑯ 周亚东:《宋风东渐中的建盏与“天目”的由来及承传》,《南通大学学报(社会科学版)》2014 年第 6 期。

⑰ 刘鹏：《宋代建窑兔毫盏探析》，《陶瓷》2015 年第 9 期。

⑱ 陈逸民、陈莺:《金油滴——建盏艺术的当代承传》,《上海工艺美术》2016 年第 3 期。

⑲ 谢松青：《建盏烧制技艺浅析》，《艺苑》2016 年第 6 期。

⑳ 王晓戈:《工艺 文化 文创模式——福建“建盏”产业发展的思考》,《中国艺术时空》2018 年第 3 期。

㉑ 杨义东：《建窑建盏的釉色赏析》，《陶瓷科学与艺术》2018 年第 11 期。

㉒ 吴继旺：《浅谈建盏的烧制工艺》，《东方收藏》2019 年第 24 期。

㉓ 余明泉：《建盏及其质料研究》，《海峡科学》2019 年第 12 期。

㉔ 陈乃文:《以兔毫盏烧制为例，浅论建盏的烧制工艺》,《东方收藏》2020 年第 6 期。

㉕ 詹彦福：《浅析当代建盏艺术的发展与现状》，《东方收藏》2020 年第 8 期。

后记

在中国茶文化浩如烟海的长河里，建盏是茶器中令人仰止的高峰，它以朴实的材质、简洁的线条、幻化的斑彩，展示了自然的极致之美，在宋代深得饮茶方式多样、对茶具高度讲究的贵族及文人士大夫的喜爱。由于建盏产于建阳，于是千百年来这种胎厚釉润，纹理千变万化的黑釉茶盏，便被人们统称为建盏。北宋末，宋徽宗赵佶亲自为其代言，不遗余力地宣传建盏，留下了“盏色贵青黑，玉毫条达者为上”“兔毫连盏烹云液，能解红颜入醉乡”等不朽篇章，建盏由此跻身朝廷贡品之列，风靡朝野，身份倍增。仅日本收藏的 3 件宋代建窑曜变建盏，分别藏于日本东京静嘉堂文库美术馆、大阪藤田美术馆、京都大德寺龙光院。其中以静嘉堂文库美术馆收藏的最佳，号称“盏中宇宙”“天下第一宝碗”，当属宋代建窑黑釉茶盏中的传奇之作。

中华人民共和国成立后，建盏艺术得到高度重视，建盏逐渐成为广大人民群众欣赏、研究、享用的艺术品。特别是在改革开放大潮中，建盏成为中华民族文化的独特代表，被列入国家级非物质文化遗产代表性项目名录，各级政府加大对建盏艺术的挖掘、研究，在古窑修复使用、传承人的保护培养、传统工艺的继承发展、向国内外宣传推介等方面，做了大量的行之有效的工作，使祖国这一高雅艺术走入寻常百姓家，跨入世界级艺术殿堂。建盏因建阳高天厚土而生，建阳因建盏古老精美而驰名；建盏因建阳人勤劳智慧而灿烂，建阳人以历史长河中培育出的这颗明珠而骄傲；让建盏在祖国传统文化大花园里光芒永续。可以说，这是我们写这本书的初衷吧。

在写这本书的过程中，得到南平市建阳区委宣传部刘寒部长的关心支持，得到南平市建阳区文化体育和旅游局徐卫兵局长，以及建窑建盏烧制技艺国家级代表性传承人孙建兴老师的热心指导。得到福建省非物质文化遗产协会建盏专委会会长沈学东、福建省非物质文化遗产协会建盏专委会秘书长修光明的大力支持，得到中国跆拳道教育开发院院长姜宏翰，以及洪良德、陈有鹏、李波、韩雨亭、赵峰、何文潇、瓮祖峥、林成场和姜秀英等友人的关心支持。特别还要感谢的是，93 岁高龄的厦门大学德高望重的叶文程教授，欣然提笔为此书作序，先生从理论的高度和平实的分析，进行系统论述，娓娓道来，打动人心，潜移默化地给人启迪，实在令人感动和景仰！还要特别感谢为此书题写书名的中共中央委员会原候补委员、十一届全国政协教科文卫体委员会副主任、中国文联原党组书记胡振民先生。

在对史料进行反复核对查阅过程中，我们参考了书中几位建盏制作大师提供的珍贵资料，还将《建窑建盏》一书及网络中对经过历史沉淀固化了的论述，加以润色引用。在此特向《建窑建盏》编著者谢道华先生表示感谢，其他暂时还没有找到作者，除表示感谢外，在此深表歉意。

在调查、访谈、写作过程中，大师们的爱国情怀和敬业精神令我们深受感动，他们为祖国的灿烂文化永续传承付出了艰苦的努力，每一尊盏碗都凝聚着几代人的汗水与艰辛。从传统技艺展示和建盏佳作上看，实在难分伯仲，所以只好按大师们的年龄排序呈现，特此说明。

2020 年 6 月 20 日

图书在版编目（CIP）数据

盏中有乾坤 / 葛玉清，邵东著. — 北京：文化艺术出版社，2020.10

ISBN 978-7-5039-6972-0

Ⅰ. ①盏… Ⅱ. ①葛… ②邵… Ⅲ. ①陶瓷－生产工艺－研究－建阳 Ⅳ. ①TQ174.6

中国版本图书馆CIP数据核字（2020）第173171号

盏中有乾坤

著　　者　葛玉清　邵　东
封面题字　胡振民
责任编辑　董良敏　韩　潇
书籍设计　顾　紫
出版发行　文化艺术出版社
地　　址　北京市东城区东四八条52号　（100700）
网　　址　www.caaph.com
电子邮箱　s@caaph.com
电　　话　（010）84057666（总编室）　84057667（办公室）
　　　　　84057696—84057699（发行部）
传　　真　（010）84057660（总编室）　84057670（办公室）
　　　　　84057690（发行部）
经　　销　全国新华书店
印　　刷　鑫艺佳利（天津）印刷有限公司
版　　次　2020年10月第1版
印　　次　2020年10月第1次印刷
印　　张　6.5
字　　数　117千字
开　　本　790毫米×960毫米　1/32
书　　号　ISBN 978-7-5039-6972-0
定　　价　98.00元